献给我妈

感谢她容许我长成与她不同的女人。

人生妙在不同，

谁都可以尝试。

自私书

写给女人的幸福教唆书

蒋硕 Serena Chiang 著

中国财经出版传媒集团
中国财政经济出版社

目 录

聚会里听来的梗概，用想象填充的细节。不宜对号，亦不鸣谢。
八卦反映生态，也许我们正用其中一些方式活着。
而这只是个开头。

02 哪个女人不努力，哪个女人真幸福

付出天分与努力，消费自己，浪费自己，想爱自己不知从何爱起。
女人啊，就这样活着，聚会里、八卦里、生活里，
一切辛苦，只为幸福。
可若在镜头前被追问“你幸福吗”，谁又能给出响亮的回答？
幸福好像被“玩坏了”，是吗？

03 自私，需要重新认识的好品质

你是个好女人，一直是。
自私这种品质并不会令你变坏，
它只是把自幼教养、教育中欠缺的东西，还给你。

04 自私的女人更会爱

从今以后，爱得轻松一点，爱得聪明一点，爱得自由一点。
只有自私的女人，才能做到。

05 再“科学”一点儿

自私，像这世上一切真实、深刻、坦诚的事儿一样，
比虚假、虚浮、虚伪的那些难得多。

06 最宽容的自私，最无私的幸福

天下总有不散的筵席。

每位自私的女主角，都有个好结局。

序　残酷聚会

我是个“半自由人”，有几种半路出家的专业资质和一些半吊子的职场、情感经验，靠这些做点咨询或写点东西，并无崇高目的，只为谋取一种与现实松散相处的方式，让自己不必时刻囿于森严机制，不必拼命拓展人脉维护关系。这有点儿难，但目前还好，幸亏不热衷奢侈品或宏伟人生。这样的人理应没什么社交生活，谁知仍有聚会可去，女人的聚会。

我熟悉的女人们看起来相当不错：超龄青年或无龄中年，工作与收入尚可，能读点书（书目姑且不论），常出没光鲜场合，多少有些 iBer 特质。一度也想过赚她们的钱，告诉她们“在美国人人有自己的牙医和咨询师”，以此推销咨询、沙龙课、工作坊。但她们一个个有了牙医、美容师、健身教练、色彩顾问、旅行秘书和“私人财富管家”，却仍不肯光顾什么咨询师。想想也是，圈子太小，熟人更应人艰不拆。不如聚会：主题晚宴、星座生日趴、新菜试吃、名庄品鉴、看秀观影打球瑜伽购物K歌下午茶……在聚会中展示资源、联结关系、尽情八卦，晒自己的美图照与别人的逊色照，以此获取满足、提升智慧，效果确比咨询更胜一筹。在聚会中见许多人、听许多故事，偶尔也偷偷直播：

喏，正进行呢。

不少熟脸。都什么人？

本地名媛嘛。

个个玫红翠绿Hermès橘，是有多老？

不老哪买得起Hermès？

有什么用？累得要命装得要死，还不是没男人理又不会自己玩，才整天泡一起。

嘿，你不是嫉妒吧……

女人们该生气了——你出卖我们！若她们再看到这书中鲜活素材，恐怕我就得自绝于聚会。可是，亲们，写或不写，女人的聚会就是这样：向没关系的人展示自己，各种不一致的自己；装扮一颗心，掩藏又泄露它的寂寞。

以前有个朋友，拿女人的聚会和《新闻联播》做过对比：

《新闻联播》（改版前）的节奏：

国家领导人很忙，不是出国就是下乡；

全国人民很幸福，不是丰收就是致富；

其他国家都很惨，不是爆炸就是造反。

女人聚会的节奏：

女人很忙，不是出国就是下乡（项目考察、年会中奖、心灵之旅、组团购物、商学院上课、送孩子留学、欧陆文化游、近郊农家乐）；

女人很幸福，不是丰收就是致富（自己升职、老公升职、房产升值、股票看涨、孩子考上名校、订到限量版名包）。

其他女人都很惨（不是离婚就是囊肿，一肚子苦水还要硬撑）。

有没有异曲同工之妙？别说你从不看《新闻联播》，那可是收视率最高的节目。认识的女人里还有认真收看“两会”专题的呢——不到四十岁的“重点培养干部”，出名的“拼命三娘”。她会满怀喜悦地说“看，这届代表的提案多务实”，还会督促十岁的儿子也固定收看新闻、阅读主流报刊、谈读后感，想来“五道杠”指日可期。当然我不会告诉你们，她已离婚两年，儿子不归她抚养。

所以，聚会不是生活，至少不是全部。秀、晒、他人的关注与评价……都抵不过背后冷暖自知的况味。但，若将界限大而化之，生活也是一场大聚，女人们共有的生态，在其中表露无遗：付出天分与努力，消费自己，浪费自己，想爱自己却常常不知从何爱起。

多残酷。

不信？慢慢看下去，我们聊些聚会里的八卦，里面藏着简单而大家不去想的道理。八卦里既出色又寂寞、既无聊又有趣的女人，是你，也是我。我们是个“夹层”群体，因为承上启下的位置，因为来自各方的责任，因为一点情怀、一些经历、一片不大不小的视野，每个人身上都集合着期待与焦虑，非常生动。我收集些生动影迹，当然不能代表全体，但总会有人找到情感的呼应。

这本书的意义，是给出一个旁观的视角，让女人们去洞察自己被忽略、被遮掩的部分，去发现自己真正需要的、带来更多美好体验的东西。我希望它像一位好的咨询师或挚友，平和、诚恳、懂得共情、逻辑清晰，有时开开玩笑，但绝无恶意，也不会无端讽刺、批判、否定。所有人与故事，都有其存在的因由，我，始终抱持尊重。

我也试着分享一些自私的思考，说不定那是化解残酷的秘密。也许对你有帮助，也许没有，尽力而为。我们在相聚中彼此娱乐，已是收获，若还能彼此启发，可是了不起的成果。

01 七个八卦

聚会里听来的梗概，用想象填充的细节。不宜对号，亦不鸣谢。

八卦反映生态，也许我们正用其中一些方式活着。

而这只是个开头。

素人豌豆

每个人的聚会里都有个豌豆。她是聚会灵魂，她是社交宠儿，她是业界骄女，她是知性辣妈，她是超龄女文青。她待人有礼又伶俐刻薄，照应场面又自我中心，好像有点品位，但经不起深究，确实有些成就，总体还算可爱。

这颗豌豆35岁，体重45公斤，任职知名金融机构，有若干职称资质学位、5处房产、50只包、一位很帅的老公、一个但愿未来也会很帅的儿子。

豌豆运营项目，当顾问，还写专栏。用实名写，既促进职业品牌，又添傲娇。要写的专栏包括：某都市报金融版每周800字，畅谈传统文化对理财观念的影响、业界大佬的艺术偏好、当前局势下的明智财务选择和高端洋气的公关活动；某二线城市时尚杂志生活方式板块每月图文一宗，发布衣帽间入荷新品、旅行见闻及聚会心得；某新创刊手机读物情感栏目鸡汤文不定期不定量，分享人生感悟、解读两性困惑、秀幸福、送赞美、传播正能量。专栏图文同步微信、长微博、QQ 空间。如此多元跨界立体化的书写，勾勒出一个成功女人“高大上”的轮廓。聚会朋友都是忠实读者，随时留言评论，席间深入探讨，更热情呼唤：“出书、出书，指引众生苦海迷航。”

每周两个或三个写稿的晚上，有时与聚会重叠，有时不；有时被工作打扰，有时不。无论如何，豌豆从不延误交稿，合作媒体有口皆碑。夜或深夜，豌豆点一缕迦南，泡一杯祁红，打开电脑，对着新装修的书房一角拍张照片，发过微博、微信就开始创作。香气缭绕，打字声轻柔均匀，豌豆神情专注与工作中一样。有时停下来搜索相关资讯，专业网站的边角料足够打发大众读者；有时不着痕迹地修修图片，希望编辑与读者注意到手袋品牌和背后知名建筑的关联。还须细细考虑图文涉及的现实关系，毕竟城市就这么大、行业就这么大、圈子就这么大，可不要失了周全。终于一一落定，检查无误，成功发送，豌豆轻轻吐出一口气来。

家人都睡了，老公在老公的卧室，儿子在儿子的卧室，父母在父母的卧室。足够大的三层空间，大家远远相隔，互不干扰。豌豆没有回她的卧室，喝口茶，继续敲击键盘，输入一个网址。一屏英文及繁体字广告跃然而出：“24 小时 3 分钟到账第三方大额无忧”、“公海官方直营”、“独家天天返水”……向下拉：“真人信息可验证”、“一夜 ××”、“一月增大 ×××”……再向下拉，才是论坛条目。豌豆浏览每日更新，在线没什么好看的，去另一区选择下载，金币还有不少，耐心等候，看过删掉。

宽阔空旷的书房，水晶灯散发幽光，缭绕的香气淡了，书与杂志安静站立。屏幕上，炫目字体飞过之后，男与女的身影开始无声交缠。豌豆的指尖拂过键盘，脸上木无表情。

键盘知道豌豆留在每一行字中的意念：就算写下上百万字、出书、问鼎诺奖，就算被女人们奉为圭臬千古流芳，我也宁愿从没写过那些破玩意儿，而能，出演一部 AV。

她关闭视频，保养精致的手指从键盘移到触摸板。屏幕上，指针幻化成的白色小手下意识地划着圈，反反复复围绕一条黑底艳粉字的广告："素人征召令"。

送饭党

萱爷打开微信，看到豌豆同步了本期专栏，点赞，转，转完大体看看内容，记住几个关键词以备讨论。再看其他，某聚会进行中，七八个人发布内容大同小异：刚上的那道菜，突破自我的红色小礼服，某大大的男性魅力分析，女明星 A 与女明星 B 的星盘对照。还有些朋友在别的聚会，发另一道菜、另一件衣服、另一些八竿子打不着的男人女人，一边吃一边还不忘"为……

转”、“不是……就别转”，好像大家在德鲁克、仁波切和胡茵梦的教导下，都学会了威胁人。

萱爷一阵牙根痒痒，不是因为受到威胁，而是想到她不在场的聚会，散了之后，又会有人往医院送饭，提着餐厅打包的两只海参一煲汤，对她婆婆嘘寒问暖：“哎呀萱这都是为了工作，你老人家多体谅，有什么需要，跟我们说也一样。”满病房异样眼光投向婆婆，纷纷揣测不露面儿媳风貌，婆婆则像岁末年关被“送温暖”的孤寡老人，尴尬客气掩着愤然气恼。

这还不算什么，更叫人着恼的是“家委会”（家长委员会）。女儿所在的重点小学重点班，那些闲得蛋疼的家长，在班级QQ群发起“为妈妈不在家的某某某带爱心早餐”、“欢迎某某某和我一起过周末”。傻乎乎的女儿居然真在某个周末去了同学家。该同学遂在周记里写：“我们班的某某某同学，妈妈长期在外地工作，很少能吃到家常饭菜。我把她请到家里，一起写作业玩拼图。妈妈为我们准备了美味可口的午饭，还烤了动物形的小饼干。我们分享着母爱的温暖……”这篇周记在班上朗读，得了个“优”。

每到这时，萱爷就“爷”不起来了。工作外派不到一年，她尽显“女汉子”本色，把一个有气无力的区域市场盘活，在她那家千多人的企业，俨然成为最被看好的“封疆大吏”；可与此同时，家人竟成了活生生的“弱势群体”。萱爷千方百计婉拒、谢绝、抗议，就是抵御不了四面八方的爱心。人们用善举反复提示，一个“女人不在”的家，是多么可怜，谁都可以在这样的家面前保持优越感，送出他们用不完的温暖。

“好吧”，萱爷想，“算我被工作劫持，你们替我照顾家属。我会好好报答你们的。”

安娜想成为优秀的人

柏太努力回想柏总“失联”前见的最后一面，却怎么也想不起来。她怀疑自己得了逆行性失忆症。已经过了三天，这是第四天，柏总一直关机，微信、微博都没更新。假装随口地问过他助理，说是项目请示邮件都有回复，昨天还登陆办公平台签过两条工作流，柏太也就不好再问，怕露了端倪。

也发个邮件给他？柏太犹豫了几次，终于作罢。他不会回的。真是精英人士，行止永远不失理性，绝不贻误工作破坏大局，只对最亲近的人流露孩子气的叛逆。柏太不知是喜是悲。

某五星酒店法籍老总的中国夫人，在微信群里召集聚会。柏太哪有心思理她。可接着一个电话过来，是位亲密女友，也是群里一员。女友说车子故障进厂，晚上聚会的话要搭柏太的车，刚好顺路。由不得柏太推脱，女友神秘兮兮预告：“见面跟你说个八卦……早点过来喔。”

柏太开车去剧团，最近在排一个翻版韩剧。95后新晋艺人十分入戏：“敏羽不想成为你的障碍……”柏太哑然失笑，这不是作家毛尖描述过的场景嘛，被毒化的年轻人，说着矫揉造作的卖萌句式，拿自己名字当第一人称，每个字都配有表情手势。想到这，一个同类句型忽然蹦出脑海：“安娜也想成为……”柏太有一点失神，就是这个了，比次文化弄坏中文更值得忧虑的事。

那是“失联”前半个月吧，某晚，给柏总送毛巾的时候，听见他手机响了一声，顺手拿起一看，一条未储存号码短信：

“晚上好领导！通过给您交流，发现您是位非常爱学习的优秀企业家，安娜也想成为您这么优秀的人，明天有时间吗？安娜去拜访您可以吗？”

大概是培训公司卖什么鸡血课程的。“给您交流”的一个“给”字，活脱脱勾勒出一个毫不洋气的安娜，至多地级市出身，至多大专毕业，穿着公司配给的廉价套装，用一口侉了吧唧的普通话大谈提升、激励、学习型组织、软实力……柏太把手机放回去，打开阳光房的灯，插上吹风机插头，替柏总倒睡前红酒。柏总穿着浴衣过来，在按摩椅上落座。“270度落地观景窗”外面，可供观赏的不过是巴掌大的人工湖，看了这些年，实在没什么好看，倒是灯光一打，窗子里面一手端酒一手举书、肚腩随着按摩节奏缓缓起伏的富态中年男，像一场大张旗鼓的土豪秀，土豪身后还站个盛装老妈子吹头，给人看见准要笑死。

排练散场，柏太开车去接女友。到写字间楼下，女友还没忙完，说要不然上来坐会儿，顺便看看新聘的海归型男助理。柏太于是上楼，谁料时辰不对，正值下班高峰，电梯门一开，人群潮水般涌出，叫人惊疑梯内超载。人们毫无芥蒂地肩踵相接，左推右撞，柏太瞬间被挤至一角，挣扎无计，眼看不可能逆流而上，忽然另一拨人自外向内涌来，看起来是业务人员例行回公司汇报。廉价套装，鸡血气质，杀出一条血路，柏太忙跟着抢进电梯。电梯上行，一片喧嚣，不知为何人们爱在封闭空间发表宏论及牢骚，几句话便了然他们的出身、职业现状、人生追求与迫切问题。年轻的男女，头发与头屑肆意飞舞，耳机与耳机流泻节奏，有人买了加班晚餐，塑料袋漏出汤水，一行滴滴答答，半天才被发觉，引发更多喧嚣。

柏太靠在角落静静观望，电梯壁散发钢油气味，挤迫的空间，区分不了阶层，这些人里说不定就有安娜，很多个安娜。柏太试着描述她，也许过了20岁不到23岁，也许23岁不到25岁，骑电动车或坐BRT，住在合租的房间。她一定觉得这写字楼不错，地段热闹，公司多，还有很多大品牌呢。附近店里的快餐粗糙而实惠，一定要吃，因为每天要跑很多地方，见很多人，打很多电话，发很多短信——韩剧句式的短信，背后哪有那么嗲的人生。安娜们日复一日地拥挤出汗喧哗扰攘，是不是真心期待着某天，超越这尘土飞扬的生活，成为……优秀的人？

电梯门开，柏太走出去，一个优秀的背影。

也不过一周吧，柏总回家，表情平和，饭量正常，衬衣袜子都不脏。饭后休息一阵，上跑步机，然后洗澡，吹头，喝睡前红酒。再过不知多少天，柏太在他车里看到一只设计浮夸的大信封，里面赫然一张鸡血课程“进阶”证书。

安娜想成为优秀的人，柏太想。而活过人生大半几乎尘埃落定的我们，不知还能“成为”什么。

杰克逊博士的蛋挞

“怎么样，上次那博士？”

盖濮窝在K房沙发一角，已经坐了好大一会儿。麦霸太多，轮不到她。满屋鲜亮中年女，不是金融地产大佬便是文化艺术名人，最差也是传媒精英，她哪够资格参加这种聚会，不过碰巧有金三顺的手艺，性格又大方，人家才偶尔带她玩。冷不防女大佬走来问话，她一阵紧张，素颜的小方脸被灯光映出酡红，在心里飞快地组织语言，不知怎么回答。

“还不错吧？”女大佬追问。所谓博士是个拐了十八弯的“熟人”，两周前的周末，女大佬介绍他和盖濮相亲，女大佬本人并未到场。

“啊，杰克逊……”盖濮话一出口，急忙捂住嘴巴，看着女大佬。

以下是她不知怎么说的经历：

他们约在一家茶餐厅。盖濮早到了几分钟，在门口等。博士迟了几分钟，施施然出现。盖濮看着向她走来的男人直发愣：也算仪表堂堂，差不多1.8米高、180斤重，一身迈克尔·杰克逊的范儿——吊脚裤、白袜、黑鞋。她向来反应慢，等回过神来时，已经一起进了茶餐厅。

杰克逊博士问：“你要什么？”

盖濮说：“奶茶。”

杰克逊博士买来两杯奶茶，外加两个蛋挞。两人开始聊天。盖濮话少，只听杰克逊博士滔滔不绝介绍他一个月赚两万、多少女人喜欢他、他条件多么多么好……洋洋洒洒半小时。

盖濮听得茫然，实在不知如何对答，嗫嚅地说还有事，站起来要走。

杰克逊博士骤然停嘴，一拍桌子，对盖濮怒目而视：“我早就知道你们这样的女人了！你们就是看上了我的钱！出来骗吃骗喝的！”餐厅中满满的人，纷纷侧目。

盖濮吓了一跳，急忙翻包，拿出20块钱放在桌上。

谁料杰克逊博士一把抓住她的手腕："先坐！先坐！我们慢慢说。"

盖濮反应慢，莫名其妙坐下了。杰克逊博士换了张脸："哎呀，你别介意啊，我还安排了后面的节目呢。"

盖濮又莫名其妙跟着出了门，发现下雨了。杰克逊博士在路边买了把便宜雨伞，撑开，借此要搂盖濮肩膀。

盖濮说："我不怕淋。"急忙一步跨出去。

杰克逊博士没坚持，带盖濮去了一家电玩店，买 50 元游戏币，让盖濮看他玩，原来这就是后面的节目。盖濮趁他玩得投入，溜了。

还没到家。杰克逊博士的短信追来，和说话一样滔滔不绝，大体意思是约盖濮再见面。连发三条，盖濮没回。杰克逊博士看来有点恼羞成怒，又发一条："你只付了奶茶钱，还有蛋挞呢！"

盖濮小心翼翼地回复："多少钱？给我个账户我这就打过去。"

杰克逊博士："我一个月赚两万多，怎么能把账户给你这样的女人呢？你万一黑我网银怎么办？你万一偷我钱怎么办？这样吧，就这个电话号码，你给我充 50 元话费好了。"

K 房灯光炫目，声浪涌动。女大佬凑近无语的盖濮谆谆教诲："女孩子选对象，就是选人生。看你这么年轻，得奋斗多少年才能出头？把握好机会，说不定一下子就飞跃了。"

盖濮默默点头。恰好手机屏幕一亮，拿起一看，一条短信："你怎么还没给我充话费？"

糖炒栗子

小尤跟沈爷学了个好句子，略为改头换面，用在最近一次品酒会上："这款酒的味道不像聂鲁达，倒像海子。"法国品酒师听了翻译，毫无头绪，而在场的女人们纷纷感叹："真的喔，太微妙了！哎哟到底是小尤！"

所以说女人要读点书，不用那么深，只要一点点，东一点西一点，凑出一部装腔指南。法国人抬抬眉毛，一张雨果式的肉脸红粉绯绯，衣领缎面有点起毛。小尤猜他在他们国家，是个瘪三。

瘪三满嘴俚语地调情，经过翻译没了风情。女人们只听专业部分，各自注视手中巨大通透的杯子，煞有介事分辨单宁强度、酒体活跃度、口感是丝绒般的顺滑还是倒捋丝绒的生涩，顺带谈论谁家大 Boss 收购酒庄其实是为了那块地，又谁家女儿刚到英国读高中，就要求养一匹马——"他那两个钱，哪够充这场面？"

一片大声说小声笑的声浪中，品酒师连叫几声"Mesdames"，女人们又回到酒的话题："啊，饱满的黑醋栗香混合着……"小尤默默地想:“亲，你们真吃过黑醋栗嘛?”

不是说那种浆果有多高级，只是，它并不生长在这些女人生长的地方。就像大部分人的生活中并没有聂鲁达和海子，它们怎么会成为自然而然的比喻?

那个8月末的下午，小尤忽然满心想念，想念一种熟悉的、安心的香气。她找个借口离开聚会，脱掉高跟鞋狂踩油门，疯转十几条街，寻找还没上市的、土里土气的糖炒栗子。

说走就走

中午的办公室很安静，同事们吃过食堂的实惠午餐，纷纷入梦，孔雀打开电脑淘宝。她找到熟悉的香港代购店，买了HR豹纹睫毛膏、SISLEY乳液、一堆粉底液卸妆液洗发水小样，还有一个昂贵的BV化妆包。这包拿到聚会中展示，女人们准给恶评，说花三五千啃个大牌的边儿，不是虚荣而是愚昧。不刻薄，不成活，孔雀对此毫不介意。她这个中午豪爽支付，只是想弄套顺眼顺手的装备:小包装洗化用品、丝袜、纸内裤、卫生巾、眼药水、喉糖、棉签、指甲钳、便利贴、防狼喷雾……这些东西总体积要小，但务必种类齐全品质上乘，这样，说走就走，方便一点。

对，说走就走。孔雀已经试了三次，渐渐爱上那滋味。

第一次没经验，半夜离家，只走出一个区，来到电视台附近的商务酒店，在中年前台的审视目光中入住。光想着明早上班方便了，没料到满房间潮味和夏末蚊子的猖狂。松垮大床，米白色床单被罩十分可疑，翻来覆去越看越不敢盖，只得在枕头上铺了纸巾，洒一身香水，直挺挺撑到早上六点，在小得转不过身的卫生间勉强淋个浴，就匆忙退房而去。之后一整天，都觉得浑身瘙痒、头发枯结，只盼赶快回家洗澡为恶劣体验善后，至于为何半夜离家，倒想不起了。

第二次，赶上周末，穿过满城拥堵抵达车站，买张时间最近的高铁票，抵达相邻岛城时还没入夜。预先查过携程，参考会员评价找到高性价比下榻处，带了睡衣，买一堆零食，洗过澡，坐在床上边吃边看十点档的选秀，发微博炫耀自己预测准确，和女友八卦几句，关机倒头大睡。次日，去历史建筑区转转，吃顿特色小海鲜，安然返程。

第三次，还是岛城，还是上回酒店，听前台建议办了会员卡，立享优惠。关手机，上网，累了便取出小冰箱里的啤酒，连喝两罐。站在阳台看海景，路过的人也看她，看够了，倒头大睡，最爱的音乐仍在屋内飘荡，无人打扰，不必打扫。那句广告词说得多棒："不像家的感觉真好！"

BV 装备到位的这天，刚好是小长假前的聚会日，饭后续摊，夜已深。女友送她回家，她在小区门口下车，微笑注视女友的车消失在视线之外，立即招手叫出租车。这次没那么简单，她打算去机场。上班背的这只大包，没人知道里面物资有多齐全。飞丽江，住李小鹏开的客栈，买几件安妮宝贝式的衣服……孔雀在车里有点迷糊，没留意手机是开是关。

一曲《泡沫》，骤然响起。

孔雀拖着脚步走出电梯，掏钥匙开门。只有餐厅的灯亮着，三间卧室万籁俱静，并没有人等她。她把包放在玄关鞋柜上，走近餐桌，停住。地板上仍散落打翻的杯子碎片，一摊牛奶已干成白膜，有零有整的饼干还是撒下时的布局，一片隐形眼镜大概也还混在里面。将近 24 小时，现场保存堪称完好。孔雀站在原地，仔细辨别空气里此起彼伏的呼吸，老公的、婆婆的、弟弟与弟妹的。

电话里老公说："要回回，不回算。我明天出差，妈风湿疼要换到大卧室来住，你东西赶快收拾。"

弟弟说："装修还剩点尾巴，姐夫大方借两万元，早点弄好我们早点搬走。"

弟妹说："我们是没钱没办法，可是想想你倒霉的时候，谁不管不顾地护着你。"

婆婆踩过一地狼藉，一言不发紧闭房门。

孔雀靠近那遗迹慢慢蹲下，想，丽江的晚上，不知冷吗？

她跑马拉松去了

6：00，甜蜜起床。40分钟前老二忽然引爆臭弹污染小床，甜蜜实在困得动不了，只掀掉最上面一层垫子了事，这会儿还是免不了收拾。搬动熟睡的小胖身体，检视衣服被褥，果然一塌糊涂。轻手轻脚换下，和刚才的垫子一起丢进洗衣机，若老妈看见又要唠叨，说不先用手搓怎么行，可是来不及了。老大的书包四敞八开坐在地上，说八百遍也不会提前收拾好。赶快拉上拉链拎到鞋柜上，和红领巾小黄帽放在一起，忘东忘西被老师训也管不了了。转进厨房，热上牛奶，倒出麦片，蒸一袋速冻小笼包，煮四个鸡蛋。老公不吃白煮蛋，煎蛋等他起床再弄，省得凉了。

6：40，老妈起床，进厨房冲了瓶奶，预备一会儿老二醒来喂她。母女俩没说话。洗衣机发出高频的吱吱声，衣服被褥转动甩干。甜蜜披头散发地切火腿豆皮黄瓜小番茄，从冰箱里拿出昨晚拌好的醋饭包饭卷，顺便倒掉一碗变味的鸭汤，老妈留的，留了几天又不喝。饭卷包好装进两只乐扣盒子，其中一只套上塑料袋塞进老大书包。去他的植物僵尸、HelloKitty，网上那些创意造型，惹得老大天天抱怨“便当里没有爱”。谁天天睡5小时，早起爱一个看看。

7：00，拖老大起床，边数落不收拾书包及晚上贪看电视罪状，边拿出新裙子诱惑。连拖带拽把快到肩膀高的三年级女孩弄进洗手间，牙刷挤上牙膏塞进小手，湿毛巾飞快抹两圈脸，打开婴儿霜盖子让她自己擦，从厨房端出牛奶麦片、包子、鸡蛋。老大坐着吃，甜蜜在背后给扎辫子。

7：20，老公起床，拿着手机踱进洗手间。老二开始哼哼唧唧。甜蜜冲进厨房煎蛋。老妈给老二奶瓶。老公磨蹭20分钟才出来，头发东倒西歪，胡子没刮干净，身上有中年人的宿夜气息，甜蜜无暇指摘。早些年她试图说服他早上洗澡，现在不了。两个煎蛋一杯牛奶放在老公面前，老公用一分钟把它们消灭，捏一个包子，走到玄关换鞋，拎起老大的书包和自己的包，叫老大快点下楼。老大嘴里还在咀嚼，手里玩着生日时得到的iPad Mini，聚精会神得顾不上说再见，扣上小黄帽低头而去。

7：45，甜蜜收拾一桌狼藉，满屋又甜又臭的居家气味。

8：15，甜蜜洗完澡，趁着水汽把浴室擦干净，抓头发、化妆，穿上昨晚熨好的连衣裙和开衫，发现裙子又肥了一点，觉得应该高兴。

8：35，吻别游戏垫上乱爬的老二，拿便当、踩上高跟鞋出门，忽然想起洗衣机里东西没收，只好大声叫妈。

接下来：

堵车。

抢车位。

电梯里被踩一脚。

为晨会迟到道歉，尤其脸红地扫一眼刚入职的部门新员工。

查收回复邮件，转发工作流，回复留言。

电话苦求某部门某领导接见。

老板召见。

呵斥助理。

到客户处提案。

堵车。

客户拒绝午餐邀请。

请一起出来的团队午餐。

车被刚考到驾照的员工顶在停车场墙上。

找人把车子送修。

上网看新闻。

试图午睡，睡不着，和朋友聊微信。

补妆。

老妈电话说老二拉肚子，而家里应该还有的同仁堂小药找不到。

老大电话说上课玩笔袋被老师扔了，得再买一个，不要米妮芭比那些幼稚货色，有同学背 MCM 书包，粉红的，上面全是钉子，吹牛说 7000 块。

老大电话说刚才忘了，老师让妈妈做两块班级标识牌，运动会用。

电话苦求某领导接见。

拒接健身教练电话，短信告诉他已经退掉俱乐部会籍，不会再去，也不会投资23世纪营养干预产品，没骂他假装约会搞传销多么无耻。

拒接不认识的400电话，不买减肥药，不买酒店贵宾卡，不买商铺，不买理财产品。

开会。

开另一个会。

电话。

另一些电话。

打电话问老妈老二好了没有。

打电话让老公带老二去医院。

打电话问修理厂车好了没有。

发微信说车不在，问晚上聚会谁顺道。

打车接老大放学，买笔袋。

呵斥老大，送老大去机器人兴趣班，一路想着今天还有多少事没做完，走神没听懂老大热情解说的“没有吸血鬼只有卟啉症”。

回办公室写报告。

吃中午没吃的饭卷，觉得不怎么新鲜。

向老板汇报最新进程。

安排团队加班。

与打算辞职的员工谈心。

与向老板告状的下属谈心。

呵斥助理。

请设计部帮忙做两块牌子。

补妆。

搭女友的车去聚会。

聚会早退。

打车买水果回办公室慰问加班团队。

打车回家。

呵斥没收拾书包还在看电视的老大。

责怪老妈让老大看电视。

向辛苦的老妈道歉。

抱抱老二。

打扫房间。

准备明天的便当材料。

给老妈钱。

洗衣服。

熨衣服。

跟老妈说不要替自己洗衣服，两件真丝衬衣都染了。

向辛苦的老妈道歉。

卸妆。

洗澡。

睡觉。

催老公睡觉。

想起聚会里大家讨论的问题：如果有第25小时，你打算干什么？

当然是睡觉……

不，也许是做爱……

你想要什么？

你期待什么？

你……什么？

甜蜜翻个身，嘟哝了一句老公不懂的话：马拉松。

这是在各种描述中复原的甜蜜的一天，死前不久的一天。

外一篇：暮雪

老美人儿的房间在二楼。绿色纱窗最近刷过，刷得不彻底，边角仍积着经年的沉暗。这城市南边尽是小山，框在窗里，是幅朴素水墨。屋檐积雪扑簌掉落，窗台上花盆里也堆满了。暖气温吞，倒也不打紧，都穿得多。这里也有聚会，大厅、楼梯转角、活动室，男的、女的、老的与极老的，在各色衣被里团团围坐。冬天的臃肿把时间都挤住，流不动，气味、声音全都滞留，连门前扫雪的工人，动作也一样厚重迟缓。

老美人儿懒得说话，盯着电视，也懒得看。之前电视里放过一个电影——《桃姐》，那里头香港的老年公寓，好像还不如这里。儿媳说这里每月交的钱等于还一套房子贷款，她说那怎么不给我买套房子？

这话说不得，说了又要闹一场。儿子死了三十年，儿媳也养了她三十年，之前一直住在一起，直到孙女怀孕，谁听了这事都说能上电视。可是再感人的戏码，也免不了歇斯底里，女人们在一起，闹不是真闹，烦是烦透了。

歇斯底里这词儿，有点残酷，哪个女人原本都不这样。老美人儿的儿媳有自己的名字，叫宜。宜的母亲是这四百年历史名城县长家的三小姐，20 世纪 40 年代女子师范的学生，新中国成立后当小学教导主任，对子女教养严格。宜是长女，自小品学兼优，要不是文革，准上了北大。下乡插队四年，苦不堪言，返城后经人介绍找了“出身好”的对象，结婚一年就生了女儿，恢复高考也没赶上。女儿八岁，丈夫病重去世，留下一对公婆。公公是拿国务院津贴的高级工程师，婆婆没有工作。丈夫刚死，婆婆就藏了户口，怕她改嫁。其实何必，有什么值得要用后来的三十年来证明？

宜是个美丽的女人，是一种过去年代推崇的、邓丽君式的圆润甜美。宜是个能干的女人，在单位让人说不出一个“不”字。宜应该是个好性情的女人，像母亲给起的名字，大方得体，宜家宜室，那些疑虑、偏执、说着说着就出来的脾气，是岁月一点点添加的。女儿说，宜是最女人的一个女人，女人的各种优点和各种毛病，她都有，六十几岁还是这样。

老美人儿看着隔壁房间的男人来了，才六十多，是个退休局长，不住这里，只白天来陪老婆。他老婆长得清秀，听说是哪家医院的护士长，前年中风瘫了。局长每天给老婆喂饭擦身，与公寓护工合力把她抱上轮椅推出去晒太阳，有时也过来和老美人儿聊天。那老婆说不了话，局长絮絮叨叨。老美人儿对男人仍有莫名的磁力，八十几岁还是这样。看她说话时，低头，含胸，双膝并拢，左手摸着右手，又翻回来，右手摸左手。那手因为风湿的缘故，关节突出，早已不美，但那柔媚的动作，叫人猜想它们年轻时，男人要怎么看。

老美人儿对过往讳莫如深，只从偶尔露出的片段里，窥见她穿花旗袍、老式女呢大衣，坐军用飞机来到这座城市。一个时代的风光尊贵，被另一个时代踩到脚底。1948 年，身为国军将官的男人去了台湾，她寄人篱下，孤身生养儿子，躲避各路清查，煎熬几年，才找到新的男人。比她年长 11 岁的男人看着她，这可怜巴巴的美貌女子，病病怏怏，朴素装扮，一身雪白肌肤却泄露不一般的底细。那非同凡响的白啊，毫无杂质，散发晶光，青翠血脉纤细游走，男人一定是别样的稀罕，甘愿用自己的安全身份和丰厚收入，给她母子庇佑供养。

对稀罕她的男人，她出于本能无声地发嗲，对儿子呵护备至，儿子极其恋母，儿子、男人一一不在之后，她藏起户口存折，对寡居赡养她的儿媳吝惜一句好话。同住的每一日，她凌晨起身满屋游逛，半夜叫人陪同入院做毫无必要的检查，贪婪饮食，藏匿东西。等送她来住老年公寓，她又哀哀哭啼，仿佛一辈子又一辈子，尽是她的委屈。

宜也不大说话，在家时若不忙，就默默坐着看电视。电视里“一场历时 5 个月的评选日前揭晓。32 岁的乌克兰姑娘娜佳，23 岁嫁到中国，2007 年丈夫去世后，毅然选择留在丈夫家，照顾年幼的孩子、慰藉伤心欲绝的公婆，将全家生活打理得井井有条，高票当选‘最美新乡人’”。宜不屑评论，乌克兰人和中国人一样，老了就知道了。

一说老不老，便显出胆怯。装智慧的女人总言之凿凿：年龄会在某时消失，容貌、智能、心态会在某点平衡，保持优雅即可。说得容易。谁不盼老了以后，仍恋爱旅行、看秀出书、犀利谈笑，但那不是真正的老啊。真正的老，是散布一脸褐斑，顶着怪模怪样的白发，吐出丝丝缕缕腐气，这里疼痛那里僵硬，脑海里满是一生碎片，却不记得中午吃过什么，也不知何时才死。到那时，谁能陪谁“岁月静好”？

宜坐在自己的房子里。房子不久前重新装修过，又被年幼的外孙女抹脏搞乱。岁末，到处堆些过年物事，里面也有给老美人儿置的新衣。老美人儿坐在老年公寓，隔壁卫生间传出水流声和年老的咳嗽。面南的窗，映入午后光线，淡白的，睡眠气息弥漫。外面的雪始终没有扫净，深浅堆积，朝夕消融。

最后加赠这篇，老美人儿是我奶奶，宜是我妈。看，我并不只“出卖”聚会中的女人，也肯坦呈自己私密的、甚至晦暗的部分。正因在晦暗与光亮的交互中长大，一直倾听有声的热闹与无声的感喟，我知道每个人有每个人埋藏的东西，难以安慰。

但，若早一点摊开看看，或许还有另外的可能。

所以我尝试描述，哪怕极有限的局部；我努力探索，哪怕笨拙。

02 哪个女人不努力，哪个女人真幸福

付出天分与努力，消费自己，浪费自己，想爱自己不知从何爱起。
女人啊，就这样活着，聚会里、八卦里、生活里，
一切辛苦，只为幸福。
可若在镜头前被追问“你幸福吗”，谁又能给出响亮的回答？
幸福好像被“玩坏了”，是吗？

幸福是怎么被“玩坏”的

若真狗血八卦，应该再生动一些，最好有更奇葩的人物性格、更曲折的故事情节和更多“猛料”。嗯，慢慢来，一个人可能是另一个人，一个故事里可能有更多故事，我们慢慢探寻。不过，要是你习惯了脸谱化的角色设计和韩剧式的情节构造，或者试图“寻找正能量”，那你还是会失望的。生活从来不是那么泾渭分明，七个八卦里的女主角，以及加赠篇章里与我有着最亲密关系的女人，每人都有自己的美、善良、强大与伟大，也有糊涂、可怜甚至可憎之处。谁也没有百分之百的对与错，谁的生活也不是彻头彻尾的悲喜剧。这些八卦的意义，只是“呈现”而非“示范”（更不是“反面教材”）。并且，前面提到过，因为我自己接触范围的局限，八卦样本也不可能面面俱到。只能说，至少有一部分女人这样生活着，非常努力。

因为想要幸福。

忘了交代，虽然熟识的女人们不怎么光顾，我还是在做咨询与课程。咨询中的来访者、课程中的参与者与聚会一样，大多是女性，我们彼此接纳。与男性相比，女性来访者或参与者的特点是，喜欢拔高问题的高度。无论婚姻困扰、职业抉择、人际障碍、特殊癖好还是生活琐事，单单“就事论事”可不够分量，一律要上升到“幸福”层面才行。每个人、每件事都与幸福有关，每个选择、每次付出都是为了幸福，自己的幸福、他人的幸福。

就是想要幸福。

不管这是本能还是执迷，细想起来都令人感动。但，自CCTV当街采访“你幸福吗”开始，“幸福”这个词忽然泛滥，也渐渐迷失了本意——好像每个人都知道它的意思，一说出来，却都似是而非。如果采访的镜头忽然推向你，想要幸福的人，你又会怎么回答？

你——幸——福——吗？

女人们笑了。

真的，很多次辅导或课程中，女人们对这个问题的反应，就是笑。幸福果然被“玩坏了”。第一个人说“我姓李”，是黑色幽默，人人都这么说就成了智能不足（就像谈到台湾，没完没了的“茶叶蛋”其实是种幼稚）。大家不知怎么回答，只好笑，未必是情感洋溢，也许内心犹疑。笑过之后静下来，认真再问一次，有人给出肯定答案，同时列举自我说服的理由：“老公上进、孩子懂事、父母身体健康，还有什么不幸福的？”有人说“还行吧”，也有人说：“什么幸福不幸福……你说什么叫幸福？”

要我说，幸福就是能给你带来“幸福感”的东西。

“感”非常重要，它是一种真实、直接的生理体验，就像疼、痒、起鸡皮疙瘩，像味蕾触到美食、鼻子闻到新鲜空气、肌肤被喜爱的人抚摸，像泡热水澡，像尿意，像性高潮……只要有，你就会知道，不需要思考总结，更不用谁提示引导。“幸福感”是什么样的呢？每人、每次不尽相同，大体上，是一种自然而然的愉悦，哪怕只是一个瞬间，心里觉得充实，身体变得饱满，管它苯基乙胺、多巴胺、内啡肽谁在起效，反正从里到外的舒服，哪怕是病痛之躯，也许手舞足蹈想向全世界呼喊，也许面容沉默、眼睛微笑、只想静静的就好……但总之，你会清清楚楚地知道“这就是幸福”。

你有过这种体验吗？如果有，你就会发现，什么微博微信里的准则、励志书成功学中的道理、女人之间的比较考量分享，那些喋喋不休的谆谆教诲，全都是废话。就算你做出一百种努力、符合一千条标准，体验不到“幸福感”，就不是幸福。

至于我们致力追求的那些东西，“钱”、“名”、“一人心”、

“Prada”、“大房子”、“事业”、“二胎”、“旅行”、“慈善”、“圆满”……到底是不是幸福，要看它们有没有带来那种奇妙体验。有就是有，没有就是没有。身体的感受是最忠诚、最真实的。

所以，亲爱的八卦女主角、聚会女人和女性来访者们，当《新闻联播》都悄然改版，把大手笔开篇改为低调“民生小事”的时候，我们也得试着回归简单本质，从华丽丽的形式感中，找回那个小小的、真实的、个体的自己，重新了解自己需要什么、缺少什么、该做什么。“幸福感”这样的体验属于个体，而长久以来，这个社会并不把“个体”放在首位，我们习惯了按照群体的模式和标准去生活，往往忽略对自己的思考和感受，就是因为这样，幸福才会变成泛滥话题、才会被“玩坏”。我们一天不回归到真实的个体，幸福一天不会来临。而女人不够幸福的话，这世界是不会好的。

换个方式吧，把“你幸福吗”的追问变成“播出之外”的关怀，说不定能找到答案。世上最大的好事，就是永远存在“其他方式”或“其他可能”。我们只须不限定，不批判（在咨询中，“不批判”是基本守则），用接纳的心去观照，女人与女人，彼此映射，冷暖自知。

看看你自己

上面的公主，下面的豌豆

按照咨询中资料采集的一般格式，关于豌豆，有一部分会这样写：

自幼体弱，6 岁时发现体内有寄生胎，实施开腹手术切除，8 岁又发现卵巢异状瘤，再次开腹手术。当时医疗条件有限，父母担心其生命安全，又怕其日后生育功能受损，十分紧张，呵护备至，第二次手术后长达四个月不让其下床活动，导致其后来一度出现体能障碍。青春期由于缺乏必要运动，发育滞后，来潮晚，体格瘦小。大学期间突发急性盲肠炎，实施盲肠切除手术。27 岁结婚，婚后两年未能怀孕，第一次怀孕 5 个月不明原因流产，实施清宫手术。31 岁第二次怀孕，出现流产征兆，经多种手段保胎后足月剖腹产。生育后注重保养，身体状况转好，未出现严重疾病。身体有多处手术疤痕。日常饮食正常，因工作应酬有时饮酒，无酒瘾，压力大时偶有失眠。

以上关于身体状况的描述，因为过于典型，看起来有编造之嫌，可是看看豌豆作为“成功女性”的一面，不也很像编的吗？这是我们常遇到的一种误导：集中描述人与事的某一类特质，造成“绝对化”的假象。而事实是，虽说这世界越来越不像话，每个人身上的能量均衡总还没被打破，一个人若如豌豆般，一路风调雨顺，“正面”被放得过大，那底下势必也有一样大的阴影或空洞。

“豌豆，你怎么看你自己？”

“不看。”

不看就是不看。豌豆从不去公共浴室。一考上大学，父母就在学校附近给她买了一套二手房，她平时住在宿舍，需要洗澡就回去。大学期间，豌豆和很多优秀的男生成了好朋友，却没真正谈过恋爱，因为害怕身体接触，害怕被“看”。疤痕、瘦小、不协调，这个身体上似乎写满了“最低分”，让从不怕考试的豌豆，不知该如何面对。毕业后，豌豆凭出色头脑和不懈努力，在业界博得一席之地，赚取房子、车子、名牌衣饰，积累骄人资历，进入上流社交圈。所有这些像一层层光鲜的壳，把她包裹得越来越强大，也把身体藏得越来越深。后来，豌豆在工作中结识了高大帅气的老公，老公是个明智的人，知道“组合”须务实，“郎貌女才”也未尝不可，两人就此步入婚姻。老公真是个美男啊，一起出入场合，让豌豆面子十足，可是除此之外，如何享受一个美男，恐怕她并不了解。

> “没怎么谈就结婚了，结婚前没有，刚结婚时也很少，一定要晚上、要关灯。我老公又高又帅，那样的身体往我面前一摆，我就觉得自己太差劲了……紧张，没什么快感。结婚两年没怀孕，觉得自己一定有毛病，好容易怀了又流产，那种焦虑……说不出来。直到儿子出生，才松口气。不管怎么说，女人能生儿子，别人就挑不出毛病了吧？坐月子不是分房睡嘛，后来就没再在一起。”

豌豆说儿子长得像她，口气里隐隐有点遗憾。但这也没什么，反正别人看来，她的事业家庭已足够成功，聚会里专栏中，她也堪称人间范本。“这不就行了？谁不是活给别人看的。”豌豆一直这样告诉自己。直到某天，发现老公的婚外情，原来处于半公开状态已有两三年。

这剧情真是毫无新意，不知小三存在的只有豌豆自己。而若不是小三错误判断了某事件形势，也不会失策闹上门。不过既然来了，豌豆也不是等闲之辈，吃惊之余火速行动，即时将小三年龄、出身、学历、职业、婚姻、人际资产、信用等等状况调查一清。查清之后，更是惊讶：那原来不过是个中年离异女，没文化，没品位，甚至没有经济来源，还靠前夫供养。老公看中她什么呢？豌豆打量复思量，难道就是那俗气的丰满身材？丰满……性感……这是不是对自己的侮辱？

“就是侮辱。女人不论多么努力，付出多少，成就多少，男人还是只贪恋肉体。我以为我已经弥补得够好了，谁知还是输在最本质的地方。我承认，在这一点上……我自卑。”

“后来呢？”

豌豆毕竟是豌豆。事情揭开，也不至于大闹，沉下脸过了半月，就去了英国，读名校商学院短期课程。如果现实需要短暂回避，这无疑是最体面的方式。她穿着应景的Burberry风衣，在校门前、钟楼下、吊桥上留影；她搜寻图书馆、咖啡馆、车站的典故，写出充满人文情怀的游记；她操着流利口语参加学术辩论，与各国精英模拟商场实战；图文资料发回国内，专栏与微信、微博同步更新，一如既往被关注追捧。当然，这都不算什么，厉害的是，她也找到一个……情人。

英国情人，颇具声名的投行大佬。异国雨雾中相识，归国后电话网络再续情缘。她与他的互动十分高端，把欧亚金融行业趋势当背景，引经据典，智力博弈，两人都为棋逢对手而惊喜，感叹灵魂伴侣相见恨晚。豌豆私下和好几位女友提到这位情人，一再叮嘱身份敏感切勿外传，可是不外传提他做啥？明明那几位女友都是高段位八卦手。豌豆想象到消息会以何种面貌传播，心中隐隐满足。小三？切，小三也分档次高低呢。

可是，老公的低劣小三是真正的小三，而豌豆的英国情人是真正的情人吗？不知怎么界定。豌豆在雾都的短暂时光中，用东方式的婉约回避肉体亲密，而对方多少也还有些英伦贵族的矜持，两人的接触仅到亲吻为止，且不是湿吻。相隔万里之后，反而放开了些，他在邮件里写“How are you doin’”，她偶尔也心惊肉跳地回一句“Sucking on my titties like you wanted me”，在键盘上敲出那样的字，悸动之余，仍是心虚。

高端互动进行了两个月，英国情人出差日本，邀豌豆京都相会，邮件里严谨标出了行程中空余的时间，也含蓄吐露了对东洋SEX的向往。在英国人眼里，亚洲女人都差不多吧，就像豌豆分不清什么斯堪的纳维亚血统、盎格鲁－撒克逊血统一样。

但豌豆清楚那邀请的实质。再完美的灵魂伴侣，最终也是两具肉身裸裎相见，况且他们那“灵魂的呼应”，不是没有夸大的成分。她本想用精神挽救自卑、挽回优越感，没想到精神再升华，仍逃不出这个身体。

> “我还没回复他。犹豫中……老公倒回了头。小三再丰满，还是取代不了丰满的物质生活吧？老公需要这个家，我也需要。”

日子在犹豫中继续，表面上一切如常。工作、睦亲、聚会、写稿。只是，豌豆忽然添了一项隐秘爱好，开始看 AV。不须资深人士指点，自行找到网址，注册热门论坛，网银支付买够金币，专下高清长片。

> “开始会抵触，鼠标拉着进度条，把不能接受的镜头快进掉。”
>
> “逐渐尺度就宽了，什么多 P、器具、凌虐，甚至一些非常变态污秽的，也觉得没什么了。欧美男人比较有看头，让她遐想那褐色头发、蓝灰色眼睛的英国情人，可是白种女人也太彪悍了，他是不是习惯了那样的对手？而他向往的东洋 SEX……好吧，日韩系看起来没那么大压力，也够专业，好多出品流派：Tokyo Hot？

一本道？还有早期“银盒”时代那些。哈哈，说不定我比他们男的认识的女优还多……还有素人，就是非专业出演的，还有不少中年女呢。”

“那小三的丰满性感，简直不值一提，比她美十倍的都有。”

丑的当然也有。肥胖、松弛、粗糙、手法低劣的整形与文身。

发育不良、瘦小、疤痕、不协调……

豌豆在写完专栏的晚上，一个人看了又看。陌生的、身体的世界，在她眼前无声展开。聚会里的“专业人士”说：“身体是忠诚的，它会指引你。”而她还没等到那个指引。无论“昭和时代的震撼情节”，还是“毫无酝酿的咿咿呀呀”，豌豆没有反应，丝毫没有。她依然不知道老公和小三享受的是什么，也不知道如果不是装假，女优与素人们怎么会有着那样纠结又欢悦的神情。

“对，幸福就是一种感觉，我没有这种感觉。现在才‘开发’自己，一定太晚了。我逃避自己的身体这么多年，它已经钝了。再不用，就老了。”

“晚胜过从不。会好的。”

“会吗？35是个坎儿，有人说一过这个坎儿，女人的状态就会急转直下。”

“未必人人一样。看你自己。”

“在别人眼里，我就像垫十二层床垫还睡不着的公主。可其实我，我只是垫子下面，那颗豌豆。”

女人当男人用，我也身不由己

萱爷对自己的外派早有预感。春节前的年会，老大点名几个落后区域，区域负责人都是五大三粗的纯爷们，吓得连头都不敢抬。春节后逐一开刀，同级替换轮岗，也提拔了不少新人补位。萱爷原本不在经营口上，职级也不够，但牌洗了好几轮，她也可以动动了。和她差不多条件的不是没有，都是娘子军，三十几岁，中层职位，都有事业不上不下的老公、上小学的孩子、身体不好的公婆父母。老大找她们一一谈过，结果个个哭，既舍不得家，也舍不得提拔的机会，磨磨叽叽惹人厌烦。只有萱爷毫不犹豫，一口答应老大指哪儿去哪儿。老大是个铁腕人物，也是说话算话的人，当即承诺，出去苦两年，自有回报，一定比窝在本部不温不火不出头强上几倍。

老大亲自送萱爷去区域公司上任，区域公司和本部一片议论纷纷。但萱爷一到任，出手干脆利落，渠道配置调整，客户重新盘点，激励措施改革，搁置已久的问题逐一解决，团队也紧张起来，原本不死不活的区域有了起色，倒让上上下下都吃了一惊。

萱爷扑在这些事上，顾不上回家，大概两个月三次。区域公司附近，新建小区里的两室一厅，是公司为萱爷租下的窝，不回家的夜晚就在这里度过。孤身在外，萱爷觉得应酬也不那么讨厌了，因为不应酬就得自己做饭。熬一锅粥，炒一盘菜，自己盛自己吃，吃完自己洗碗，洗完碗不知道做什么好，打开电脑刷数据，琢磨还有多少指标未完、多少客户未见、哪条渠道力量不足需补、哪组人负荷不满可再加压。刷着刷着，就半夜了。中年男人这样过活，偶尔也会自怜，何况只是被称为“爷”的女人。

“萱爷，你为什么叫‘萱爷’？”

“女人当男人用嘛！”

“你愿意？”

“谁愿意？这是骂我呢。平时拼死拼活没人看见，一提拔，毛病都出来了。说我没女人味儿，为了往上爬连家都不要；说我有野心，专门在老大面前表现；说我只顾表现自己，把别的女同事都逼得无路可走了……”

“你自己怎么想？”

“太不公平了。我又没偷没抢，又没坑谁害谁，说白了不过是遵守‘丛林法则’，对不对？而且我也身不由己啊……”

“以后职位越高，不是越身不由己？”

“是。”

“那……”

“先熬过现在吧。”

“现在最想的是什么？”

“有人给我送饭就好了，最好是个男的。”

幸福？我会的

安娜是不需要什么咨询的，我猜。就算吐血折扣 300 元一小时，也进不了她的预算。况且，人在尘土飞扬的生活中，自会进化强大，她身处那个行业，天天被免费鸡血灌输，只怕早已练就无敌之身，反而要到处给别人咨询提升才是。别说可笑，成功企业家柏总，不也乖乖跟她上课洗脑去了。

要找到安娜并不难。一则网络新闻里，“妻子苦于无法得知丈夫手机中频繁联系的号码主人是谁，灵机一动，为其充了 50 元话费，通过话费缴纳发票顺利得知‘小三’姓名”。只要功夫深，信息无屏障。但这种穷形尽相的人肉行径，柏太不会做，别人自然也不必多此一举替她去找。要了解安娜对自己的看法，容易得很。安娜活跃在城市各处，随便去一部电梯里、一片胡乱停放的电动车前、一波永不停歇的喧嚷中，找一个问问就好。

“姑娘，能说说你自己吗？”

“干嘛要跟你说？”

“那你幸福吗？”

“我会的。”

很难再成为一个新的什么

柏太这样的人，是最好也是最坏的来访者。好在条理清晰，理解力强，平和有礼；坏在越完满的外在形式，越是森严壁垒。

大部分人对婚姻的认知，都以形式完满为美。柏太和柏总，两家父母算世交，前若干年不在一地，后来迁至同城，刚好两人各自外出求学，没见过面。柏总比柏太大两岁，大学毕业后在深圳工作。柏太大四寒假独自去香港看演出，母亲托柏总到口岸照顾过关，两人这才结识。柏总对柏太一见倾心，甘愿为她辞职回到家乡。家乡有家乡的好处，环境熟悉，人脉发达，二十年来柏总越走越高，已是一方翘楚。柏太在一家颇有名气的艺术团做编剧，有几部得意之作，也得过几次业内大奖。两人互借资源，相得益彰，闲来一同旅行、观剧、读书、做菜、事亲、交友出入场合，谁不说是神仙眷侣。

"柏太，你幸福吗？"

"不是时时刻刻都有幸福的感觉，但还是幸福的。"

"嗯。"

"我不太容易受到外界影响。我的生活，总体来说是按照我的意愿运转的，是我所追求的，我不会因为一些干扰而否定它。"

"一些干扰，安娜吗？"

"安娜？卡列尼娜？哈哈！有些东西真是不可思议。男人有时候像小孩，做出叫人吃惊的事来。"

"有人觉得小三不够水准，是对自己的侮辱。"

"我不喜欢'小三'这个词儿。她是'三'，那我是'二'吗？我们真的排在一起了吗？这不现实。"

"她确实进入了你的现实生活。"

"不，我不认可'进入'这个词儿。人和人偶尔的一点交集，和长期的生活轨迹完全是两回事。我不是说人分三六九等，但一种生活方式和另一种之间，不是那么容易跨越的。那些女孩子们希望自己成为邓文迪，可是没有一致的价值观，没有足够的眼界，没有共同成长的经历，没有文化的共鸣，怎么可能和默多克们实现真正的契合？如果她们只是想要一些眼前利益或一个跳板，我是可以理解的，但拿到这些之后呢？凭借她们中大部分人的素质和学习能力，要真正进入甚至融入一个比较好的阶层，并不乐观。”

“那么，安娜并没有对你造成困扰？”

“不，有。”

“嗯？”

“如果婚姻有个攻守关系，我其实不情愿当守的这方。怎么说呢，只要是守，无论如何都要损失，就算老公不跑，财产不少，也损失了时间精力，还有情感。而攻的那方呢，我不是特指这个安娜，任何人处在她的位置，都一样，就是两手攥着两把指甲，不管不顾扑腾一顿，怎么都是有收益的。”

“有道理。但交换位置……”

“也是不可能的。这就是我觉得不幸福的地方。不管现状好坏，我已经被固化了，很难再成为一个新的什么，而她们，虽然希望渺茫，至少还有不一样的可能。”

我这样的人

其实盖濮也可以充当一个代言安娜。她们一样年轻、资质平平、没有背景。可是盖濮好像连“两手攥着两把指甲”那种劲儿也没有，之前23年怎么过来的，想想总觉得糊涂。幼儿园、小学、中学，父母让怎样就怎样。高考只考上民办大学，两年下来找不到工作，天天闲着网聊。看看也不是办法，别人说不如学点技术，学什么呢？想起《我叫金三顺》，就学了个烘焙师。闺蜜说最好去名牌大店应聘，收入高，容易碰到结婚对象，去应聘又没通过，来到一家小店，就那么干了两年。店老板是女的，盖濮管她叫师傅。师傅在圈里有点名气，视吃为人生唯一要务，剩余时间用来抱怨顾客。盖濮有点怕变成师傅那样，臃肿的身体在烤箱与柜台间挪动，粗而灵巧的手指在手机屏幕上挪动，发蛋糕饭菜以及与顾客互相指责的对话截图。这样的店里并无结婚对象出现，父母开始着急，闺蜜不断支招，聚会中的女人也热心教导，教她怎么打扮、怎么说话摆姿势才能吸引男人，以及什么样的男人才值得吸引。

杰克逊博士之前之后，盖濮还相过N次亲，倒不是每次都遇见奇葩，但每次都没感觉。向“专业人士”请教，“专业人士”

说不要急于“找什么样的对象”，先想清楚“过什么样的生活”。她想不清楚。唯一清楚的，是再也不喜欢蛋挞了。

又过一年，又一次女人聚会，盖濮送甜点去。她不知为何满脸羞涩，怯生生说已离开师傅的店，自己开了一家。接着奉上新店产品彩页，说给咱们当然是超 VIP 优惠。女人们连声祝贺，有人抢着付了这次的账。

盖濮总算恋爱了。新蛋糕店由恋人投资。那位恋人，聚会的女人们都没见过，是个和盖濮一样年轻、IQ150 的女孩。

“盖濮，说说你自己。”

“……我这样的人有什么好说？”

“那说说她。和她在一起幸福吗？”

“我不知道。”

“嗯？”

“有一些感觉……是好的。和她在一起，就像待在一个永远不下班的游乐场，只管开心就行了，特别开心。有自己的店也很开心，每个蛋糕都是为自己做的，都是自己的味道，客人很喜欢，生意不错。可是不和她在一起的时候，好像我什么也没有。开店的钱是她出的，客人是她从师傅那边撬过来的，师傅说我是叛徒，闺蜜说她利用我，家里人不相信我们俩好，其实是不接受我是个拉拉，还整天让我去相亲。”

“你确定自己是拉拉吗？”

“这个……反正她比杰克逊博士什么的狗屁男人好多了，和她在一起也比没完没了相亲好。”

“为以后打算过吗？”

“我这样的人，怎么会打算。”

是生活难看

小尤长大的那座小城，古老而安静。学校就在家附近，同学都是邻居。记得小时候，还是个平均主义的社会，人人身上都是一样的衣裳，碗里都是一样的菜，孩子们没什么零花钱，也没什么东西可买，偶尔来包麦丽素就够奢侈了。秋天，栗子上市，热腾腾的炒锅支起来，黑黑的砂粒儿和着糖，大铁铲哗哗翻炒。跟大人要，买一包，报纸包着，一颗颗饱满得裂开了口，忍着烫啪地捏开，金黄的仁儿，嚼得满嘴喷香，熟悉的、朴素的、叫人安心的香。

“小尤，你是个什么样的人？”

“我？ Ber 啊！女装逼犯。”

“真难听。”

“是生活难看。”

小尤所在的行业，就是所谓“月薪 5000 元的人描写 50000 元的生活给 500 元的人看”，做杂志的，时尚杂志。这行业的人装逼是职业病，整天对各种高大上的品牌或“生活方式”耳濡目染，犹如空手转宝山，捡不到多少便宜，却沾一身宝气。再说还得混“名媛”圈子，混熟了才有资源，支撑着在这行业继续发展，不装，很难。小尤这个资深 Ber，在圈子里岂止混熟，简直混深了，金融、地产、商业、文化各种聚会都带她一个，那些“上流美”的“名媛”们，指头缝里漏出点，就可让她小赚一笔外快。

外快加上 5000 元月薪，刚好够还贷款，房、车，还有信用卡分期的 iPhone 和单反。其他费用由老公出。现任老公和小尤一样出身小城市，虽算不上凤凰男，却被白富美退过货，经历了婚姻与职场的几次挫折，仍然踌躇满志，一直在“找平台”。小尤不得不帮他一把，有的没的，带到场合里转转。

转转也要行头。小尤不愧久经杂志陶冶，加上多年淘宝练就火眼金睛，夫妇俩通身原单，靠一股子气撑着，多半不被识破。没珠宝，没名表，一人一串木头珠子，说是大师加持过，怕冲了，不敢再戴别的。聊起时尚，没有小尤不懂的。“名媛”们时常请教："你说的那家店在第九区？过几天我去看看。这两款到底哪个好？到时候试了拿不定主意，你可得给我帮帮眼。"

没人知道小尤只在第一次结婚蜜月旅行时到过巴黎，在华人开的小餐馆吃 5 欧元一顿的团队餐，第九区的店门朝哪儿开她哪里知道。一段时间不在聚会里露面，她就微信发几张风景，有时是一片碧蓝水面，写道："Paresa@Kamala Beach，300 平米房间，无敌海景私人泳池，还有和 Gatsb 一样的巨大 living room，不愧全球 top10 honey moon resort。"有时是一溜窄长玻璃窗，冬日雪景上叠加一片影影绰绰色块，又写："大都会博物馆窗口，本想拍下窗外的中央公园，却无意映出了墙上的画，亲可知道这是哪位大师的作品？"杂志行业是"毁"人不倦，幸好素材便利。

其他资讯也丰富便利。所以小尤不怕喝不出葡萄酒的产地、年份、天气，一口品酒经角度刁钻、运用娴熟，绝不输给任何"名媛"，就像她会说聂鲁达，她们还停留在黑醋栗……

> "最近不知怎么了，越来越听不进她们说话。这一位明明出身郊县，征地征成富婆，忽然一口台湾腔，那一位差点被肉毒素毒死，居然上访谈谈乐活人生……装，都 TM 装。我还承认我是个 Ber，她们可不，一个个跟真的似的。"

“装就装嘛，享受就好。你不享受了是吗？”

“是。有房子，没装修，每月账单一来捉襟见肘，资产就是一橱子过时假大牌，分分钟牢记给别人讲过的经历细节，谨防穿帮，千万不能忘了和老公统一口径。这些还不要紧，要紧的是天天‘生活在别处’，到底哪里才是自己的地方，哪个才是自己？”

“试过不装吗？”

“在这个圈子，不装活得下去吗？”

“这样‘活下去’，会幸福吗？”

我的家是个公司

孔雀觉得自己的家像个公司：投资最多的婆婆是董事长、最高决策人；老公是董事长委任的总经理，管理日常事务，不容下属干涉；而她自己是个无足轻重的、即使旷工也没人发现的基层员工——所以能随时“说走就走”。

投资主要指房款。结婚时，这套“二环内 180 平米豪装大平层”亮瞎了众亲友同事们的眼，“全款无贷”更叫他们又羡又妒。付全款的婆婆，底气十足地领着客人到处参观，每处立面、每个棱角都让人家摸摸，“好材料就是不一样”，还打开浴房炫耀名牌洁具，不管里面是不是正晾着孔雀的内衣。孔雀跟在参观队伍后面，满脸通红、默不作声。

要说婆婆能有这样的实力，也确实不易。她离婚十多年一直没再嫁，靠自己薪资优厚的财务工作，供儿子读完博士，为他买房成家。老公从小适应了婆婆发号施令的方式，自己说起话来也是那个腔调。几点吃饭、几点睡觉，怎么储蓄理财、怎么给水果消毒，买什么牌子的油烟机、什么料子的床单，都按母子多年的规矩，每个房间婆婆都有钥匙。孔雀怎么想，他们从不过问。“这么优秀的男人能娶你这剩女，已经很不错了。”

弟弟、弟妹来住，当然也是婆婆点了头的。这对小夫妇奉子成婚，新房还没装修好，就算好了也不能住：“甲醛中毒可不是玩的，大人得白血病不要紧，还有小的呢！”弟妹娘家也不能住，上班得一个半小时呢。“那先别上班了吧？”“不上？好啊，只要男人养得起！”弟妹一个白眼横过去，弟弟没事人似的，孔雀倒满心羞愧。那年孔雀刚到外地读研，水土不服又失恋，病倒住院不敢告诉父母。弟弟知道了，当晚就坐火车赶来，尽心尽力照顾半个多月，又教训了劈腿的前男友才回家，挺好的工作因此丢了，换了几份新的，总比不上之前那份。

孔雀觉得她欠每个人的，每个人都有居住权和话语权，只有她没有。婆婆一边在街坊亲友中树立强大而包容的形象，一边在饭桌上大谈年轻人应该独立自强。弟弟时刻提醒孔雀别丢了女主人威严，又偷偷向姐夫借款。弟妹身子沉重情绪不稳，一天哭个两三场很正常。老公认为男人不该管这些鸡毛蒜皮，拉下脸来对着孔雀。

于是孔雀在32岁、结婚快一周年的时候，开始体验传说中“说走就走的旅行”。

“孔雀，你喜欢你的生活吗？”

“喜欢不在家的时候。”

“没想过家应该是什么样？”

“就我跟你说的，像公司嘛！大公司改成小公司就好了，小作坊都行。”

“真是个好比喻。为什么不？”

“让股东撤资？我自己投资？我做得到吗？要多少才够呢？”

没写完的甜蜜笔记

甜蜜希望人们叫她甜蜜，但大家通常叫她甜妈。她有个博客叫“甜甜妈妈的甜蜜笔记”，刚怀上老大甜甜时开的，前前后后写了十几万字。

做全职太太也从怀老大时开始。那时甜蜜笃信“优秀女性回归家庭，可推动下一代国民优化”，不顾上司同事挽留劝说，毅然回家。整整四年半，她专心育女，每天出入早教班、幼儿园、图书馆、游泳馆、芭蕾教室和全城各处适宜幼儿的益智娱乐场所，亲手裁布制衣、熬煮果酱，还学会了小儿推拿，“甜蜜笔记”里满是私家营养菜谱、穿亲子装的母女美图、到处搜集的育儿心法和成长感悟，连甜甜的出牙次序也画图标记，让人读了忍不住赞叹，真是金牌甜妈。但，再丰富的居家生活，日复一日也难免寂寞，甜蜜又开始觉得“优秀女性应该有自己的天地”。刚好有位朋友创业邀她加入，甜蜜欣然前去。重新适应职场相当艰难，甜蜜一味好强，把障碍一一克服，不仅生活场景与节奏骤变，“甜蜜笔记”里的烘焙配方也变为“团队心法”，以及“第一次凌晨驾车走在大雾的高速，第一次离开宝贝奔赴项目战场，那种不舍与亏欠，那种况味杂陈的使命感……只愿不负己心，优秀、更优秀一点”。优秀的甜蜜好容易慢慢上了新轨道，又逢“二胎”政策松动，老公强烈要求一子一女凑一个“好”字。甜蜜也相信“优秀女性应该延续优秀基因，多多生育精英子女”，抱着“不管多难都能克服”的决心怀了孕。这次她坚持到临产前一周才休假，计划孩子百日就返工。但这个计划没能如期实现，孩子百日，甜蜜仍在产后抑郁中徘徊，后来则被确诊为抑郁症。

甜蜜接受过心理咨询，是被老公半拖半抱进咨询室的。那时的她肥胖邋遢，情绪低落，抗拒沟通。老公说她四个多月来一直如此，既不愿照料婴儿也不理家人，更无意工作娱乐，总是无缘无故哭泣。因为症状与病程已超出心理咨询力所能及的范围，甜蜜与老公听从建议，转到专科医院治疗。治疗持续了将近一年，用药，加以多种手段调节，甜蜜的身体与精神状况逐渐好转。渐渐地，可以与人交流了，重新打理家务了，上班了，重新出现在聚会中了，多么值得庆贺。

如果就这样一直好下去，多好！把遭遇过的障碍都当成生活的小小转折。但症状的改善是可见的治疗效果，内心的完善与生活的重建，却未必每人都能完成。已经不在的甜蜜，没能坚持到底，又或者，坚持了错误的方式。

曾经的深夜，老公睡眼惺忪看着工作或应酬归来、满身疲惫仍挥汗打扫的甜蜜，想劝她轻松一点：

“你用得着这么累吗？这些事非干不可吗？非得你自己干不可吗？”

“哪件能不干？我不干你干吗？”

“真的没必要，我是为你好。”

“那我是为了谁？不都是为了你，为了孩子，为了这个家！”

“可这些都是你的习惯、你的需要，不是我的，不是我们的。”

“你……我付出这么多，你竟然这样说？你滚！你别待在这个家里！你不配！”

“你有病。”

这样的对话，老公不是不后悔，但若有机会重新来过，他也不知该说什么。

没写完的甜蜜笔记，留着啰唆的爱意与幼稚的励志，藏着深深的期待。关于自己，甜蜜设定为“优秀的”，每件优秀女人该做的事她都要做，做到最好。是“要强”吗？还是“完美主义”？还是认为一切都是责任，只有事无巨细、无休无止地承担与投入，才能实现期待？

甜蜜最后，没留下任何信息。老公只记得那句他不懂的“马拉松”。

对，老公是做地产的，之前某次聊天中好像说过：“什么时候咱能像老潘（潘石屹）似的，不管这些乱七八糟的事儿，跑马拉松去……”

“甜蜜，你幸福吗？”

（“你说呢？”）

下辈子，这辈子

“奶奶，要是真有下辈子，你想怎么过？”

“还下辈子，这辈子都多余。”

“妈，要是不为了我，你这辈子会怎么过？”

“不为了你？你个没良心的。”

只有一个问题

幸福说多了，会反应迟钝，八卦说多了，会掉进惯性的琐碎，比如牛奶杯被谁打翻，是否酿成流血事件，争执各方分别为何种口音，是否涉及财产归属或不伦关系，劳碌职业女的每月性生活次数，是否真有人从不自慰，早逝的人是自杀、谋杀还是过劳猝死，社保崩盘如何养老……嗯，我没写那么多，也许是觉得这书已够通俗易懂，也许是，不想分散太多注意。

我们应该注意的是——问题。之前说过，一个人可能是另一个人，一个故事里可能有更多故事，而每个故事里都有多不胜数的问题。是哪个或哪些问题妨碍了我们，让我们体验不到“幸福感”呢？得把它们一一梳理清楚，八卦才有积极意义。

现在，让我们试着列出每个故事里的问题，表面的或隐藏的。如果你的故事在七个八卦中找不到对应，那就列出你自己的、独一无二的问题。来，尽量找，尽情写：

性、身体、小三、自我怀疑、工作家庭难两全、人在江湖身不由己、竞争、规则、舆论、令人尴尬的人际关系、孤独、疲惫、没意思、中年危机、剩女、取向、没主意、没规划、三观乱、装逼、经济窘迫、“主权”丧失、交流障碍、忙、累、二胎、强迫症、完美主义、生离死别、委屈牺牲、辛劳一生、孤独、寂寞、老、老无所依……

……

如果一直不停地找，还会找到更多。不过是一份平凡生活，也有这么多问题缠绕，怪不得谁都感叹“女人难”。我们想要幸福啊，可该怎么办呢？

我们得用一只漏斗，让问题们逐一向下走，分类归纳，凝成几个，甚至，一个。要知道，每个人的问题数量再多、牵涉再广，其中必然有一个核心的、决定性的问题。我们之所以常常觉得“生活乱七八糟”，就是缺乏归纳，以致把握不到核心，当然也无法“治本”。在一片纷乱的状态中，问题是永远处理不完的，而剥壳去茧找到核心，我们就可以建立起事半功倍的应对机制。幸福啊，也许可以来得更容易一些。

现在，让我们试试吧。

许多个问题到几个问题

归纳这事儿很考验人：不同标准，不同类别，很难有一种序列，让大家都觉得恰当。我不打算走“婚姻、家庭、职场、人际……”或“经济、文化、经历、性格……”之类路线，那样的话，不过是另一次罗列而已。还是借用一些心理学的概念作为参照，把横线上的许多问题，归为四个：

自我接受

豌豆不接受自己的身体；

小尤不接受自己装逼；

盖濮不完全接受自己是个拉拉；

甜蜜不接受任何一点点不尽力、不完美、不优秀……

你呢，你不接受自己什么？

别回避，你得回答这个问题。因为前面说过，幸福是一种纯个体的体验，这个个体就是自我。只有当自我是真实的、被接受的，你才有可能获得“幸福感”。

自我接受需要做到三条：

第一条，清楚自己的标准——我想成为什么样的人，我需要什么，我怎么做。

第二条，清楚自己的现状——我是什么样的人，我有什么，我做得怎么样。

第三条，清楚标准与现状之间的差异，知道如何改进，在改进的同时，允许差异存在。

难吗？至少不那么简单。比如第一条中，“我想成为”往往被“别人希望我、要求我成为”取代，而“别人有、别人要”又往往被误认为“我需要”。甜蜜的母亲从小就要求她“100 分的卷子绝不能得 99，最好是 120”；豌豆则被暗示“务必处处胜过别人，保持优越”；萱爷未必想要这么“爷”；孔雀真心不想住那么大的房子。可是，她们就以那些为标准努力着，付出艰辛代价。而关于“我怎么做”，恐怕多数人（尤其女人）并没为自己总结过一套响亮的方法论，只是一味努力又努力、投入再投入，却不知为何耗费巨大，却难以形成逻辑、自圆其说。像萱爷说什么“丛林法则”，那不是她的方法，只是不肯坦承既得利益时采用的借口罢了。

女人天生就是“关系动物”，常常沉迷于人际关系，下意识地参照、模仿、对比他人（尤其同性之间），把许多时间与精力花在他人身上，期待他人关注，却不知道自己该如何真正地关注自己。这就是为什么很多人在人生成就的考核中业绩斐然，仍不觉得幸福；还有很多人一与他人比较、一听他人意见就动摇，总觉得无所适从，劳碌无功。不真实、不恰当的自我标准，正是导致我们难以自我接受的根源。

第二条也一样。关于“我是……”这个现实问题，还真有很多人不知如何回答。日本当红小说家宫部美雪在作品里说：“有人会委托侦探社和征信社去调查自己，其实就是通过别人的评价‘确认自己过着什么样的人生’。”如果我们身边也有私家侦探提供这种服务，你要吗？

哈哈，别上当。宫部书里，明智的侦探不接这种活儿，因为“别人也是人，大家只能透过自己的眼睛去诠释”，百分百“客观”的评价本来就是不存在的。而人们在征询结果之前，内心已经抱有某种期望，一旦别人给出的评价与期望不符，就会下意识地“篡改”评价。所以，每个人现状如何，还是自己最清楚，只要肯老老实实摊开就好，摊开给自己看。你能做到吗？

至于第三条，这才是关键。所谓自我接受，接受的就是“标准”与“现状”之间的差异。说真的，我在面对豌豆、面对柏太、面对很多女人的时候，都要忍了又忍才能不开口去问一个问题：“你以为你是上帝的范本吗？”若真这样问，准收获一个白眼，女人们才不会承认。可若不是自视为范本，为什么你就不能有一个不那么美的身体、你就不能被屌丝女青年干扰、你们就不能不扮演世界第一等的名媛公主女王女神呢？

不怪你们。在中国式的成长教育中，大部分人从小习惯了

“不得满分就挨打”的模式，长大后则信奉“不成功就该死”的世俗准则，认为不求完美就是对自己的放松、放任、放纵，不够“优秀”或不“比别人优秀”就是失职甚至犯罪。那，人生可真是太难了。

把“自我接受”放在问题归纳的首位，因为我认为它是所有问题中最严重的。生活无非是你对待自己的方式。每位八卦女主角、我们每一个人，貌似为生活的种种障碍而纠结，殊不知那背后是自己，是自己在与自己为敌。

一致性

小尤口中的“装逼”是粗话，文明的解释是：“试图表现出自己不具备的素质。”非必要情况下，粗话还是不说为好，以下只说一个“装”字好了——装有钱，装品位，装能力，装人气，装智慧，装道德，装轻松，装超脱……深受其苦的不止小尤一人，她还算坦诚的。谁敢说自己没“装”过？或多或少，形式不同而已。

这是一个与“自我接受”关联的问题。我们“装”出来的，往往正是“标准”与“现实”之间的差异部分。如果控制在一定程度之内，它可以是件好事，通过“角色扮演”形成积极心理暗示，会促进我们更快、更高效地达成标准。但如果超出控制，

“装”的程度越深，你付出的心理成本也会越高。

不是吗？你得保持与所“装”角色相符的姿态、作出合理的构思、牢记编造的细节，还得面对不“装”时放松中夹杂的失落，而最麻烦的是，一旦“装”出一个角色，就不能轻易推翻，装下去，装下去，永无尽头。而你要为此付出的心理成本，就是“一致性”的丧失。

心理学中的“一致”概念，包括“主客观一致”、“精神与行为一致”，是衡量心理正常与否的重要指标。我们这里说的“一致性”则着重强调“内在体验与外在情绪、行为一致”。它不至于牵扯到“正常异常”那么严重的问题，但与“幸福感”密切相关。想想看，明明捉襟见肘还拼命维持，明明毫无兴趣却假装热情洋溢，传播着自己都不懂或不信的理念假装导师，给满心不屑的东西点32个赞……这能舒服吗？而且，“不一致”常常把你带进人格缺损的境地：本来，穷也好，笨也好，土气也好，小气也好，没见识没智慧都好，纯属个人状态，谁也管不着谁，但你要装成不是那样，就变成了一种指向他人的虚假，“人人得而诛之”。

小尤说“生活太难看”。也许少“装”一点，反而会好看些。如果说“装”是一种迫不得已的保护色，不“装”就是一个勇敢的还原过程。等你敢于“回来”的时候，才能体会到“内外一致”的和谐愉快。

重心与秩序

我讲故事的语调太过平淡，这可能是受亦舒影响。她那种波澜不惊、口语书面化、去形容词及少用“的”的写法，有人说过时，有人不适应，我倒觉得清晰利落。她书中主人公常说一句“他以我为重”，这个“为重”真是十分动人。我母亲宜以我为重，附带承担了老美人儿，付出一生。我以自己为重，没浪费她的付出。

你以什么为重？

这个问题解决很多问题。

所以萱爷听见人家说“为了往上爬连家都不要”时，何必辩白。每个人知道自己看重什么、重心何在，自然就会取舍。真正自己做的选择，有多少压力、难处、苦楚，都能承担。反之，总觉被劫持胁迫，委屈大过天。

有了重心，还需秩序，即围绕你的重心运转的程序，是你所拥有的一切资源的整合。人、事、财、物、时间，如何分配，如何协作，界限在哪里，取舍的标准是什么，优先次序又是怎样，这都是需要明确的东西。自己秩序不明，就会被他人左右，而当与他人的秩序出现交叉或冲突时，你只能无所适从。

孔雀没有建立她的秩序，谁都能参与她的生活，甚至成为主宰，而她只能“说走就走”地躲避。这么极端的情况不一定人人遇到，但来访者倾诉的困扰更多：新婚、怀孕、坐月子、带孩子、孩子上学、买房装修、过年回家、更换工作、父母养老……每遇一事，婆婆妈妈各方意见建议、各种生活方式、各类物资乃至人纷至沓来，局面如一团乱麻，不知如何厘清。就算天下太平的平常日子，工作家庭社交，也总有一万件事等着处理，件件重要，件件麻烦。女人们忙、累、“跟不上节奏”，表面上是头绪繁多、责任重大，实际上，是秩序不够强大。

可惜，女人们常常不愿致力于重心的校正和秩序的修整，而是喜欢沉溺于对一件事、一个人的讨论，没完没了地讨论。有时我很想对喋喋不休的她们断喝一声：“说这些没用的！”可惜，我从没这样做过。

发展焦虑

佛说“人生七苦”，“生老病死”排在前面，这些事儿放在心理学中，就叫“发展”。人生有不同时期，不同时期有不同心理特性，如果你这颗“心”的成长足够支撑每一段，就会有足够的幸福；否则，就会焦虑。

像年轻的安娜，当然我们只能想象，她在窘迫的空间，凭着有限的天赋，挣扎登高的艰难；像临近中年尾声的柏太，一方面困囿于内在环境的稳定与停滞，一方面忧虑着外来的威胁；像豌豆担忧着女人的身体没怎么用就老了；而如果真的老了，像宜、像老美人儿，会不会孤独、寂寞、嫌弃自己，会不会老无所依，能不能维持尊严到底？

"幸福就该是欢喜地出生与养育，有意义与有收获地工作，在满足与保障中老去，在尊严和祥和中辞世。"不丹前首相赞·多吉如是说。这段话中包含的对社会的要求，我们也许无法控制，就像无法控制时光流逝，但它所描述的状态，是我们应该实现的。我们只能凭借一己之力，一边应付当下，一边面对不确定的未来，而焦虑就是这个过程中"储备不足"的表现。我们很容易把注意力集中在物质、资源方面，拼命拓展吸纳积累，而忽视了同样重要的"心态储备"。总有些女人，不相信自己已经处于某个年龄、某个时期，不愿接受这个时期必然出现的现象与问题，诸如身体衰落、情感疲惫、对比干扰，或者明知问题存在而没有有效的应对机制，故而忧伤的八卦层出不穷。

这真是个贯穿一生的命题，甚至可以把女人们的问题全部收纳其中。我们需要用更多文字、更长时间去探讨它，但首先你必须记住：这是女人自己的事，没有人能替代你的发展，也没有人能化解你的问题，你，只有你。

几个问题到一个问题

用一只漏斗，让问题向下走，横线上的若干问题变成了四个，接下来，会变成一个吗?

会，因为问题确实只有一个。差不多阶层、差不多经历、差不多优秀的女人们，如果有一个共同的问题，会是什么?

请注意我反复提问的“你”——读着这本书的你、和我隔空聊天的你、正在度过自己人生的你，才是真正主角。我们在交叠的八卦里相互客串，不是为了看别人的热闹，而是为了探索自己的剧情，令它美好。

幸福是你个人的体验，生活是你对待自己的方式，我们说到的所有问题都围绕着你，独一无二的你。而你的注意力，却常常不在自己身上。你把自己当作一颗棋子，投入世界的茫茫迷局，不关注、了解、欣赏与支持自己，或者，不知道怎么更科学地、建设性地做这些事。归根结底，女人们，

你，不自私。

03 自私，需要重新认识的好品质

你是个好女人，一直是。

自私这种品质并不会令你变坏，

它只是把自幼教养、教育中欠缺的东西，还给你。

来点儿逻辑，女人

我们怎么会说到“自私”上来呢？当然，它是这本书的主题。我们在七个八卦里找问题，找到的远远不是全部，而说到问题的解决，各个击破也不是最好的办法。最好的是——建立一套逻辑，让你这位女主角变得更强大，有办法随时应对漫长人生中层出不穷的问题，这才是长远之计。

逻辑这东西没什么神秘，说白了，就是你“做自己”的规矩，是你为人处事、评价好坏的标准，一套自圆其说的理论。女性的思维特点是不爱总结，潜意识里对逻辑体系之类多少有点抗拒（当然不是所有女性），我一直认为这是造成男女“成就差异”的重要原因。你看，论天赋也好，论努力程度也好，女性都不输于男性，而耐力、韧性、自我疗愈能力，女性更胜一筹。可是，优秀的女性大量聚集在社会的中间层，真到了“金字塔尖”，女性比例就远远低于男性了。是不是？差异的成因就在于逻辑。从“底层”到“中间层”，拼的是天赋、是努力；在“中间层”长久立足，靠耐力与韧性，或者还有整合能力等等；但如果能抵达顶峰，一定要具备清晰、完整、强大且有独特性的逻辑，足以说服、影响他人，为某个领域创造出观念价值。逻辑的胜利，是最后胜利。

有点“形而上”了。不多啰唆，回到我们的话题。我们也试着梳理一套逻辑，以“自私”为核心。这只是个参考，你可以不欣赏、不接受它，但“参差多态乃幸福本原”，只是了解到另外一种角度、另外一些可能，就好。

向“矫枉过正”说不，与“绝对化”告别

“自私”不是个噱头，而是我认为在当前的生态环境中，应该好好重新解读的词。如果换一个时代、换一个社会，我不会把它当作一套逻辑的核心，而现在对它大写特写，就是因为我们的成长中，被加入了太多“矫枉过正”的东西（首当其冲就是“不能自私”），而这些东西在一定程度上，加强了女性本身就有的“绝对化”倾向，让我们时常失去中性、平和的态度。这样的我们，置身这个浮躁的社会，既要满足自己，又不肯坦承自己，甚至不大清楚自己是怎么回事，这样的生存是劣质的。

我百度了“自私”这个词，拣里面最熟悉的来看看：

> 1. 如果一个人损人利己，就叫自私。
>
> 2. 自私，指（1）只为自己打算，只图个人利益；（2）归个人私有；（3）偏私。（见《汉语大词典》汉语大词典出版社出版）
>
> 3. 自私自利是个人主义的道德境界，是私有制的产物，有各种不同的程度和表现形式。有的人极端的自私自利，公开露骨地损人利己；也有一些人设法寻找一种既能满足自己的私利，又能照顾别人利益的处世哲学，宣称“主观为自己，客观为别人”，但就其实质来说，利己是核心，是根本基础，是推动他们活动的根本动力。（见《伦理学名词解释》罗国杰主编，人民出版社1984年版，第149页）

以上是“中国式”自私的解释，更多相关资料见如《吕氏春秋》、《宋书》、《新唐书》一类，就别掉书袋了。之所以说这部分“最熟悉”，是因为它的年代特征。目前处于“中间层”的女人们，差不多都是在这种语言环境下长大的吧？“个人主义”、“损人利己”、“私有制产物”，在这些词条的延展部分，还以“资本家”、“工人阶级”举例，貌似客观的解释，隐隐流露出几分“批斗”的情绪。随着时代发展，也有专业人士认为以上定义失之简单，引入更多“观念、动机和行为的社会效果”元素，连篇累牍做出更多注解，没必要在这里一一复述。我想说的是，“自私”这个词，在我们成长历程中被加诸的排斥意味。我小时候与三名表兄弟一同长大，大人对孩子们做出比较评价时，常说其中某个“自私”，其表现不过是不肯分糖给弟弟，或心爱的模型被别人玩坏时大哭之类。顶着“自私”名声的孩子，多少会受些冷落（“自私鬼，别和他玩”），而实际上，这孩子可能并不是真正“自私”的那个，只是不太会表现而已。小学有品德课，专门讨论例如“只有一个苹果应该给谁”、“能不能为集体牺牲”等问题（那是小英雄赖宁的年代）。不能妥当回答这些问题的同学，也一律得到“自私”或“自私自利”称号。最让我莫名其妙的是某次讨论中，“春游时不和同学一起玩”也被归于此类，那是我“自私”的展露。总之，大概保有自己、保护自己、自己待着，都是不行的。

这是一种人为强化的“群体性”。“中华民族”并不是一个原生民族，构成她的分子们——信仰、文化、生活方式各异，她只能期望借由精神的整合，形成比原生民族更紧密的组织性，这非常难。因此，民族的、国家的、集体的、大家的，这些群体概念被无限地强调、放大，而个人、个体、自己、自我则受到抑制。这是一个时期内的状况，我们或多或少经历了这个时期，并在其中受到“矫枉过正”的品德教育。

当然，情况总在变化。意识的统一管理一定会被打破。前面说到《新闻联播》的改版，就是对变化的适应。但，被抑制的状态骤然转为开放，总难免浮躁。当我们发现群体并不能替代个人满足现实的需求，更不能实现个体生命的意义，发现“严禁自私”的准则中虚妄的成分，又发现身边的物质、机遇、生活方式越来越丰富……我们就进入了一种孤独与亢奋并存的状态，一边感慨求生艰难，一边精心打算全副武装，只为谋求最好的“私人订制”。结果，生态与价值观双重纠结之下，这样的评价出现了：“从来没有一个社会比当前的中国社会更自私。”

怎么会这样呢？“两极分化”也是中国特色。一头是“人不为己天诛地灭”，一头是“天下为公”；一头是“和谐幸福”，一头是“最自私的社会”。我们总是非公即私，非此即彼，充满割裂的体验。这就是“矫枉过正”的教育留给我们的另一种结果：“绝对化”的心理误区。

在这样的心理误区中，我们很容易形成极端的情绪，用对立的眼光看待人与事，包括看待“自私”。无论《书·周官》提出的“以公灭私”，还是当前社会的“自私至上”，其实都不是合理的态度。如果人的利益真有两极，一极是个体利益，一极是全人类利益，“自私”与“无私”分别与这两极对应，那么，“绝对自私”和“绝对无私”存在吗？当然不。介于两极中间、充满变化的地带，才是正常。个人、家庭、集团、派别、地方、民族、国家、人类，每一种“自私”和“无私”，全看以什么样的利益关系作参照。有理论研究人士，引入“观念、动机和行为的社会效果”、分出“恶性自私”、“合理自私”诸多等级，或许比较符合现实。我们需要重新认识“自私”，更需要重新学习中性、平和的态度。

秉承这样的态度，我们可以逐渐脱离误区，回到对自我的观照，对个体与群体关系的省视。“自私”是人的天性，和性欲一样，上帝也无法禁止。允许人们利用这一天性，在不损害他人的情况下追求自身的富足和快乐，是文明社会尊重人的标志，也是商业社会的人性逻辑。《国富论》的作者亚当·斯密这样认为：“‘国富’的人性动力，正是不越法律的‘自私自利’。”而人本主义心理学家马斯洛则说：“我发现心理健康的人，既自私又无私，健康的人以一种健康的方式自私，这种方式既有益于他人又有益于社会。”

所以，重新认识“自私”，在重新认识的过程中，还原出真实、清醒、优质的个体，通过个体的自我实现，促进社会目标的实现，是我认为在此时、此地具有积极意义的事。如果说央视一类媒体所倡导的幸福“大而不当”，那就让我们的追求与改善，从自己开始。

逃离“三大高地”

加赠的八卦里提到我妈，我在她 62 岁生日那天想出这句总结：“女人能有的优点和缺点，她都有。”那天她自己做了生日午宴，席间因为某人说错一句话而发了一顿脾气。不过平时她是挺可爱的，我们是多年伙伴，很聊得来。她也爱八卦，八卦对象仅限我一人，因为数十年每年 365 天每天 24 小时，除了上班就是家里。当然发脾气的对象也仅限我一人，外部好评率接近 100%。怎么能不好评呢？她对自己节俭、对别人大方；工作谨慎、家务利落，从无疏漏；为人妻不过九年，做儿媳赡养公婆却直至今日……好评不给她给谁？

从小就听她说，幸亏我长得不像她，因为她认为自己苹果脸不够洋气。而等我到了中年，发现彼此“不像”的地方还多着呢。比如我内心是个男人，比如我比她过得轻松、简单、快乐，用她认为自己永远没法做到的方式。

因为我自私，我逃离了女人的高地。

道德高地——伟大，不会变成生活里的温度

不明白为什么乌克兰媳妇会当选“最美新乡人”，也许我有失偏颇，但我真的对这种道德导向十分腻味。婚恋是私人事务，一旦被推到公众眼前，万般情意只剩尴尬，而日后的取舍决策更多了顾虑。这是绑架。

所以宜（这里还是用她自己的名字）评论道：“老了就知道了。”

不用等到老，也不一定遭逢鳏寡孤独特殊际遇，女人一生中常常被逼上道德高地。高地上一面面大旗招展，上书浓墨重彩的大字：奉献、牺牲、承受、担当、隐忍、委屈、宽宏、无私……注意看，这里面并不全是褒义词，有中性的，甚至负面的。我是说，包含着负面情绪的，比如委屈。委屈有什么好呢？这个词和“委曲求全”的“委曲”不同，后者是为了大局而选择的某种策略或战术，而委屈实实在在只是一种情绪，或姿态。习惯这种姿态的女人不是一个两个，为爱情、为孩子、为家庭、为事业，用这姿态说明自己是退让的一方、更高尚的一方。别人说一句“委

屈你了”，就像一种褒奖。而实际上，一个人的委屈，未必对他人有益。请原谅我这样说。因为无论家庭事业还是人际关系，如果要建立一个长久健康的结构，其中的个体应该是平等互动而非高低倾斜的。一时、一事可以出现某方的让渡，但长期、总体而言，各方的利益与能量一定是平衡的。所以，如果有人总在委屈，准不是一个健康的局面。再腹黑地说一句：肯委屈的人，往往想着将来换个形式得到更多报偿，如果得不到，情绪的长期讨还，比什么都可怕。怨妇以及与怨妇有关的悲剧，就是这样诞生的。

道德高地上的每一面旗帜，赋予女人不同的姿态，或凛然大义，或婉转低回，这些姿态不约而同带来心理上的舒适（相当一部分是带有被虐感的舒适），让人自以为有优越感、有底气，在各种关系的对峙中处于上风（所谓高地就是这个意思），所以女人们趋之若鹜。但是，高地不胜寒，与舒适的心理姿态相伴的，是现实中的彻骨冰冷，宜体会过，或多或少，八卦里的女主角们也体会过。

我已经度过了几个叛逆期，也不是愤青。我无意否定任何正面的、光明的、温暖的东西。奉献、牺牲、承担……都是人类极为崇高的精神，也是女人一生中多少会有所成就的境界。但是，我们去奉献、去牺牲、去承担，一定是为了一个真实的目的，而不是无谓的姿态。仔细想一想我们的平凡生活，每次选择取舍，真的没有更好的方案吗？更平衡的、平和的方案？

至少我相信，宜是有的。她在上了年纪以后常常感慨“其实当时……”。那些已经过去的“当时”，意味着理想的再婚对象、新的家庭生活、更从容的经济环境。而以宜的品性，如果当时选择了那些，也不见得就会放弃奉养可怜的前婆婆，只会相处得更轻松。至于她的孩子——我，终身感谢她的保护，感谢她没有让我经受与“别人的”家庭融合的困难，也避免了可能的侵扰。但，我在纯女性的环境中成长，误以为单亲是一种正常的家庭架构，很长一段时间里对男性陌生得无法相处，青春期过得格外窘迫，产生许多压抑的异念，错过一些本应珍贵而美好的人与事，养成一些颇为麻烦的习惯，其中得失，倒也难以衡量。至于宜不再那么宜人的脾气，则是另一种代价。她付出高昂代价，赢得钦佩与赞美，赢得某种伟大，而所有这些，并没有变成生活里的温度。

当然，宜只是个案。人与问题形形色色，不熟悉的，不敢妄自评点。我想说的是：不要把任何一个“高地”当成人生的目标。人生的目标应该是创造，以及体验，我不知道你要创造或体验什么，但我们奉献、牺牲、承受、担当，都是为了它，那是你自己的目的，不是别人的，任何决策选择取舍，也是为了自己，而不是别人。听起来很自私对吗？但如果不是这样，而是一辈子张口闭口“我都是为了谁”，那个“谁”就得背负你的期望、你的情绪、你的幸福或不幸，不管他或她愿不愿意。那，难道就不自私了吗？

完美高地——唯有不完美的角色，才会生动

甜蜜的妈妈说：“120 分的卷子不能得 100 分。”

甜蜜的老公说：“真的没有必要。”

两句话之间，是甜蜜短短一生。

这很残忍。我们不知道自己能活到哪天，到那天能得到多少分数，只好拼命努力啊努力啊努力啊，走上了完美高地。我在沙龙课上说“‘完美主义者’请举手”，一片手臂如旗帜招展。问她们：“谁说你‘完美主义’的？”（这问题上一本书里也问过）她们列举上司、同事、朋友、配偶、恋人诸位，或许仍认为这是个赞美。“完美主义者”嘛，精致、有品位、高水准、负责任，至少有个“美”字，总是没错的。

真的吗？可要我说，完美，就是没有任何其他可能，是最终的、唯一的、百分之百的状态。在这个不停变化的世界，你说它存在吗？当然不，每个定义你“完美主义”的人都各怀心思：上司要你完成任务自动自觉，连监督检查都替他省下；同事、朋友觉得你苛刻多事，委婉地表达嫌弃；下属或孩子一句“她完

美主义”，暗示你的要求不可实现——再也没有比这更巧妙的推卸了。

而你还津津乐道，停在明明很low、却“看起来很美”的高地上不愿下来。

我没做过调查，只是大体觉得女性“完美主义者”要比男的多。而若分析心理根源，也许是女性的竞争意识和不安全感使然。有人说男性才是竞争的动物，这不准确，男性的竞争多数是目标性的，是为了争夺某个具体标的物或某些有限资源，女性也有这类竞争，但仅是少数情况，更多的则是为了对比——与同性对比（偶尔也与男性对比），以形成对自己的评价，进而获得优越感。在无休无止的对比中，女人们理所当然地认为只有“完美”才能“完胜”，所以才对自己苛刻要求。至于不安全感，女人终其一生，能完全消除它的也没有几人。物质、情感再丰盛，女人们心底深处总还藏着些忧虑，怕哪天繁华落尽、红颜老去，不知什么能成为永恒的保障，只得尽量多做些、做好些，也许未来就安全些。可做到哪儿是个头呢？像前面说的，我们又不知自己能活到哪天。竞争意识和不安全感原本是人生的激励，但激励过了头，去追求不可能存在的标准，所作所为就变成自己的负累，别人看着也累。

不仅死去的甜蜜，豌豆、萱爷、柏太都是“完美主义者”，就连自认为糊里糊涂的盖濮，为蛋糕裱花的时候也是。除了欣赏自己对“完美”的追求，她们对自己从没有满意的时候。你，会不会也是这样？

允许我再重复一次：人生的目标是创造，以及体验。我们做每件事，是为了这件事本身可能产生的价值、带来的感受，而不是为了“完美”。甚至，有时我们需要刻意去打破过于圆满、滴水不漏的形象，像某位美国总统的形象顾问提出过的“大人物要出点小问题”，诸如精彩演讲中洒了咖啡之类，反而会为自己赢得更多接纳。因为唯有不完美的角色，才会生动。一个聪明的自我应该懂得这一点，接受每一个合理的分数，而非苛求“120”。由此节省出来的时间与心力，用来真正享受自己，哪怕只是多睡一会儿，不好吗？

形式高地——心会像腿一样酸

电影《穿普拉达的女王》(The Devil Wears Prada)中，安妮·海瑟薇饰演的女主角得到过一句评价：“每个人都是来工作，只有你是来扮演工作。”很不幸，我也得到过类似评价：“别人都在生活，而你假装生活。”那是在过去的某个时段，拜曾服务过的行业所赐，言必称理念，满眼皆品牌，一天三场头脑风暴会，一周四个晚上在外轰趴，时尚范儿、高管范儿十足。但明眼人总能看出真相：我不迷恋时尚，也不喜与人过多交集。那样“不走心”的生活，就是假装，装出一种光鲜入流的形式感。

同样行业出身，爱“装”又恨“装”的小尤，倒不是“不走心”，而是力不从心。所以她扮演的“高大上”若与柏太一比，段位就低了许多。柏太玩的是这个：“谁都知道牛津出的董桥书最美，趁春光大好，来晒晒那些年我们追过的版本吧。”那些版本大陆可没得买，亲手翻旧的书，也没法找网络图来替代实拍，这个游戏小尤就参与不了了。而柏太，与诸多文艺大家互动之余，还要娇嗔几句：“2011 年聊到爱丽丝·门罗，某兄说在没有情节支撑之处进行大篇幅叙述，即便语言再独特、视角再深彻，也只能整段跳过，我却宁愿花时间和心情琢磨，她为什么要在那个地方啰唆。而今诺奖揭晓，几位可知道我的时间没有白花了吧？”

时尚的、文化的，总是特色鲜明，而此外，还有一些形式感是隐形的。比如孔雀的婆婆，这位前财务总监非常得意自己这份“一个具有经营与统驭能力的女人的生活”。构成这种生活的，是体面的房子、听话的儿子儿媳、寄居的房客、说一不二的生活节奏和邻居亲友钦佩的眼光。她放大这些，在她的生活里扮演女王。萱爷呢，两地奔波，长夜寂寞，为事业全情投入，希望冉冉升起，符合人们对“女强人”（这个词儿有点老了）的想象。至于豌豆，她的形式感在她的“公主流”文字里呈现得淋漓尽致。还有现在的我，说不定所谓的自由与朴素，也是一种形式的桎梏。

这有什么错？难道所有形式都是假的、虚伪的？难道认认真真营造的生活就不能展示、分享？女人本来就热衷形式，生活不弄出点看头，还有什么意思？

没错。女人应该活得好看，形式感一定要有。如果生活真的令你愉悦沉浸、愿意诚挚分享，那就去做吧，你会得到应有的欣赏。但，如果不是那样，如果你致力维系的形式脱离了生活的本来面目，或高于实质内容太多，甚至与你真正的感受背道而驰，那，就是你的形式高地。矗立在这块高地上，有时挺愉快，也会有满足感，但久而久之，心会像腿一样酸。

因为这块高地，只存在于别人的眼光中，别人看，它就在，不看，你白白费力支撑。而别人的眼光，别人的关注，永远不像你想象的那么多。记得前面说过的“一致性”吗？内外一致才最轻松，形式与内容一致，才最明智。

逃离高地的女人是自私的，不再为别人的标准、别人的眼光逼迫自己，也不在虚无中耗费自己。而逃离了高地，你也不必担心自己从此不够高大——我们的人生能抵达什么样的高度，早晚会自然而然地呈现，而在那之前，去享受真实的创造与体验吧，那是自私送给你的礼物。

属于你的“自私”

自私是清晰地认识自己，了解自己的真正需求，拥有自己的价值标准。

自私是为自己负责，独立，自立，保障自己，发展自己。

自私是有恰当的关系与合理的界域，与他人互不侵扰干涉。

自私是爱，是尊重，是赋予每个人的信任与自由。

每个人有每个人的活法，说到建立逻辑强大自我，途径也绝不止一种。围绕自私，我给出的核心理念就是这样，可能是无数种理解之一，你可以把它作为参考或启发。不知你留意到没有，我们已经悄悄卸掉了“自私”的引号，它将成为一个自然而坚定的概念，在后面的内容中出现。而后面所有，都是关于女人，女人的问题、困扰、解决之道，女人的成长与爱。

04 自私的女人更会爱

从今以后，爱得轻松一点，爱得聪明一点，爱得自由一点。

只有自私的女人，才能做到。

燃烧吧！自私小宇宙

一位八卦女主角在聊天时说：“你讲了太多反向的东西。”

“反向是什么意思呢？”

“就是‘不要什么什么’。”

“哦。”

果然是这样。这本书写到这儿，差不多也都是“反向”的。许多问题、“不自私”、“矫枉过正”、“绝对化”、“高地”……都不要。这可能和潜意识有关。我总觉得活到一定年纪，该发愁的不是“太少”而是“太多”：固执的习惯太多、错误的见解太多、无聊关系太多、非必要的事务太多。所以，先做减法要紧。

虽说很难，多余的东西总会渐渐摒弃干净，自己做不到，时间也会替我们洗清。在越来越简单的内心，完善新的逻辑，让你自私得理直气壮。现在，就让我们来做这件事：画出你的自私小宇宙。

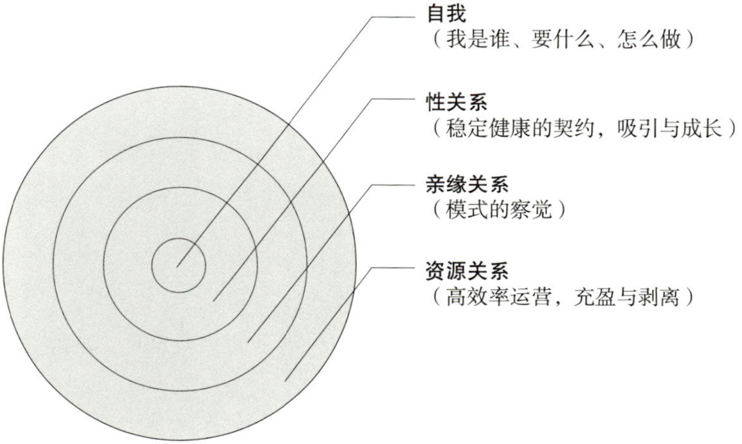

小宇宙的核心——你——一个清楚知道“我是谁、要什么、怎么做”的自我。这些问题没那么哲学，它们是提醒你换一个方式去关注自己，不要纠结于外来的价值观和琐碎的情绪，而是更直接、理性地自我观照，做出总结。等你变得更善于总结时，你会发现自己同时也变得更清晰坚定、更具有影响力。不断地认知、接纳、发展自我，唯其如此，你才能积极运转你的小宇宙。

紧密围绕你的，是性关系。这一排序也许与你、与这个社会的习惯相悖。中国传统伦理遵循“百善孝为先”，以“事亲”为第一要务；而当前的大部分家庭，往往将“亲子”作为首要关系。殊不知，这都有违自然。因为通常情况下，只有基于稳定、健康的性关系建立的组合（其中，婚姻是最重要的形式），才是生命周期一致、能够共同成长的组合。想想看，谁由我们自主选择而来、有可能与我们共度最长时间、发展频率同步、给予彼此最大的利益支持？父母、子女或其他任何人都做不到，只有你在性关系中获得的伴侣，才有可能。

我们强调性关系的稳定、健康，这样的关系经过契约公示，就是婚姻。婚姻是人类最神圣、最具保障意义的关系，不仅基督教认为“夫妇成为一体是基督和教会的象征”，在整个社会学体系中，婚姻（与之相关联的家庭）也是基本单位。村上春树在给朋友千金的结婚贺词中写道：“结婚这东西，好的时候是非常好的。”确实如此。如果可能，最好每个女人都获得美满婚姻。但不可回避的是，婚姻和性取向等等，会受到不同环境的影响与限制，所以我在这里、在小宇宙的这个圈层中，不写婚姻而写性关系。每一个具有性能力的女性，都应该在适当的时期建立、发展良好的性关系，吸引并保持吸引，尽量形成长久、平衡的能量与利益互动，它不仅是一种保障，也令人生愉悦。当然，你知道，炮友和滥交绝不包含在内。并且，当你的性关系缺失或不足时，不要试图在其他层面进行补偿，那是不可能实现的，而且或许会造成另外的悲剧。

接着是亲缘关系。因为这种关系的不可选择与不可替代，大家自然而然地认为它是最重要的。这也没错。我们为一生的发展考虑，将更具功能性的性关系置于亲缘之前，并不代表对亲缘关系的轻视或忽略。血脉贯穿，是我们存在于世的线索，而与之关联的抚养、赡养等家庭、家族事务，也是我们的基本责任。但我认为，在这个层次更需要关注的是“模式”，包括一个家庭或家族内的人际结构、运作秩序、合作与分享的方式、情感表达的方式等。在我们的人格养成和生活建设中，原生家庭的模式往往有着“先入为主”的影响力，我们甚至会把它照搬到自己的生活中。所以我的建议是，在规划你的小宇宙时，可以暂时从温情中跳出来，去察觉“模式”对你的影响，尤其在探讨“我是谁、要什么、怎么做”的时候。那些令你感到舒适、合理的，请继续传承，而不适合的，你要尝试脱离，虽然这并不容易。

资源关系被画在最外层，它主要指“后天”建立的、为满足你的创造与体验而发展的关系。之前曾用过“利益关系”的说法，但客观想来，“利益”并不仅仅存在于这一层，还是“资源”更准确。职业、事业、兴趣、社交……女人们的聚会？当然也是其中一种。资源整合的程度，直接关乎人生目标的实现，所以我们通常对这个层次十分热衷，不断为之努力，想让它变得更大、更厚、更丰富。我们也经常沉浸在这个层次的热闹或艰难中，忘了它的本质：既然是最外围，那么随时可以充盈，也随时可以剥离。再了不起的资源，我们需要的也只是动脑子合理运营，而不是倾注情感。

曾有女人问我，怎样才能“经营好所有关系，赢得所有人的认可”。这个问题和“幸福”一样过于庞大，没法一举解决。像这样画张图，你就会明白，任何事物都有它的结构，掌握其中的关系和关键，再庞大的问题也自会脉络分明。

小宇宙什么的，就是为你提供一个结构。结构中的每个层次都具有自己的能量，层次之间有时也会出现交叉和融合，但大体上，这个结构是稳定而具有区隔性的。它的价值不在于以上写出来的部分，而在于你长期的对应。如果你有兴趣，把你想解决的问题、遇到的困扰、觉得麻烦的人与事，一一填进每个层次，回答自己：这是我的重要关系吗？涉及眼前还是长久？是我必须坚持的吗？在从里到外的“优先次序”里排第几位？是我可以放弃的吗？在从外到里的“放弃次序”排第几位？所以，我该用何种方式、何种心态对待它？

自己回答自己。你会发现取舍决策轻松了很多，合理的分配方式，会减少你时间与心力的浪费。而“所有”的关系与人，并不需要你刻意取悦，只要在各自的层次得到适当的对待，他们都很妥帖。

去试试这件事吧！构建你的自私小宇宙，让它尽情燃烧。一切都将围绕你运转，自私的你、清晰坚定的你、懂得掌控的你——

是一切的主宰。

用自私的方式，好好爱

“你真认为‘创造和体验’就是人生的目的吗？”

“是。”

“难道爱不是？”

“爱不是目的。爱是天赋和使命。”

没错，我知道你放不下这个，女人。没有爱怎么行呢？即使是自私的人，尤其是自私的人。

但是，我们习惯用坏方式打发好时光，用愚昧的好意换取不耐烦，把亲密变成绑架，期待一些并无关系的人与事，关注众多没有价值的对象，忽略、偏执、自以为是、不恰当地爱着……

换个方式如何？轻松一点，聪明一点，自由一点。用自私的智慧，为每个值得的人，送上最好的礼物。

给自己的自私之爱：可惜只有你，陪你到最后

世界上的一切人之中，我最希望提升的一个人，就是我自己。

——王小波

我最喜欢引用的一个人，就是王小波，因为他符合我认为非常重要的“一致性”原则。他说“人生和小说都应该追求有趣”，结果他的小说确实很有趣，表现出来的人生也是（并且随着他的早逝盖棺定论，不会再变无聊了）。他在五线谱纸上写“但愿我和你是一首唱不完的歌”，在他的性学家妻子的余生中余音绕梁，比王力宏“心内的一首歌”或日后走红的《一个歌手的情书》具体和深刻得多。他一点也不伟大，感受不到自己的身后哀荣，也不需要任何神化。但他创造了一些作品、一种表达、一种度过人生的方式，人们可以从中知道他有过很多非同凡响的体验，这真好。

可惜，跟女人们说这个，一般没什么共鸣。我认识的女人们都不大读王小波。读书、购物、谈感情，最能看出分别——我还真是个男人。于是，我去问女人们引用什么比较好，萱爷告诉

我：琼瑶。

萱爷和我差不多大，度过一样的中小学时代，每个寒暑假受到一样的琼瑶剧毒害，书大概也都看过。无论剧里书里，琼瑶的女主角都很少工作，原因是“社会污浊，会弄坏气质”，而她们保持气质的方法是吟诵入门级唐诗宋词（总量不超过20首），痴痴等待某个“好强大、好叛逆”的富二代或大叔前来拯救，而得到拯救后，她们能做的也不过是坐马车穿过意大利的古老街道、学法文、写作（不会比豌豆写得更好）。

萱爷说她梦想有位费云帆一样的大叔，降临她独自驻外的生活，让她从此不再孤单辛劳。而豌豆每周两三篇情绪丰沛的文字，都是潜移默化的琼式公主流。

好吧，这也是影响力。我们要说“自私地爱自己”这件事，拿琼瑶来说也行。论自私，琼瑶的女主角都够自私，一边“等、靠、要”，一边装纯真，过上了想象中公主或格格的生活（琼瑶描写的“上流美”，恰是张爱玲所说的“穷人眼中的富贵”），看起来非常理想。

我问萱爷：“她们那些招数你会吗？”

萱爷：“‘等、靠、要’还是装纯真？不会，都不会。”

“那大叔怎么会看中你？”

“……看不中就看不中。我也就说说。”

到底是萱爷，虽然爱做梦，自己该做的却毫不敷衍。她驾一部 CRV 在城市间往返，轻描淡写透几句内幕把客户勾住，抢先半天拿到渠道合约，一早一晚刷新数据，脑子里一本清账，把一百多号手下罩得严严实实，忙起来，连送饭党都顾不上骂，更没空想象大叔。这不像琼瑶的女主角，倒像亦舒的。对，我们还有亦舒。

同样写女人，那可是另一番局面。亦舒的女主角们从不痴痴等待，也不自怜自艾。她们人际关系分寸合度，懂得职场规则与潜规则，了解各种名贵物事而常穿白衬衫卡其裤，喜爱自然科学，婚礼收入捐赠飞行眼科医院或宣明会，深谙江湖险恶却仍保持善意。如果不是已经流露了太多个人喜恶，我会说，我喜欢这些。

亦舒的女主角们也很自私，她们只按自己规则行事。想要谁，可恣意私会也可持家生育；不要谁，对着粉红钻石指环客气一句：“这点东西，我自己也还置得起。”风云际会几番，也许谁都不选，继续忙自己的，继续自得其乐。

自私地爱自己，谁爱得更好?

评估的眼光，最好放远些。不是说过吗，我们不知道能活到哪天，所以总想要更多保障。琼瑶从不描述人生的后半部，大概她也不知道公主和格格们该怎么解决家长里短的麻烦，怎么应对不育症、小三与财务纠纷，不愿承认她们变成哼哼唧唧的忧郁老妇人该有多讨厌，不能接受富二代、大叔、阿哥们必然的腻烦。

而亦舒的女主角们拓展规划，节蓄投资，维护家庭，结束劣质关系，怎么都会活下去，到老仍有尊严（亦舒书里常见体面的老人，她自己年纪一大把，也仍关注科技而非梦回大清）。你说，哪个好些？

还是王小波有道理，“我最希望提升的是我自己”，因为陪你到最后的，只有你自己。

所谓一辈子就是这样：前半段，你的小宇宙一层层丰富、一层层扩充，后半段，一层层削薄、一层层剥落。再多资源、再亲密的关系、再割不断的血脉，早晚也都会离开，从开始到最后，只有核心的你，始终在那里。人生归根结底，谁也指望不上，谁也别想染指。我们说“自私是为自己负责，独立、努力，保障自己的正当利益与健康发展”，其实就是这个残酷的意思。

你，只有你。

提升自己，是为了保障自己。这件事，亦舒的女主角们比琼瑶的女主角们做得好。你呢？自私地爱自己的你，该做些什么？

萱爷说：“工作。想来想去还是工作。”

“所以家庭生活让步了？”

“不，这是一种第六感——目前工作的安全感不如家庭的安全感强烈，因此努力工作，等工作的安全感胜过家庭了，再回归一下。这个度，我自己把握。”

豌豆说：“我只想提升自己的身体。用脑子的时间太长了，以后需要身体帮我做一些判断，给我一些指引。”

柏太说：“艺术圈两极分化，有人潦倒一生，有人晚年轻松。我较幸运，已为自己做好保障。”

小尤说：“多赚些钱。”

孔雀说：“一个人生活，到底需要多少？”

盖濮说：“我不知道。”

甜蜜家的老大甜甜说：“我要变成很酷的大人，刀枪不入。”

……

甜甜刚过9岁，柏太49岁，其他几位年龄在她两人中间。一辈子的长短并无公平可言，提升与保障也一样。唯一相同的是，“自己”是有限资源，不要耗费在无用之处。

女人们问我，你有什么建议？

我的建议是：不要光想着提升的内容，要想些方法。不然再说500条，也都大同小异，像“健康”、“财务自由”等等，等于没说。提供我能想到的5条，作为参考，或者启发：

（1）不再说“我想”，而说“我认为”、“我将”、“我相信”、“我决定”。

（2）记录自己的每一个变化。

（3）在每个阶段，找一个足以刺激你、启发你提升的人，当你的老师、伴侣、情人或敌人。

（4）想象身边每个人的死去或离开，想清楚每个细节。

（5）学会真正和自己相处，接纳每个阶段自己的变化与缺憾，进行各种各样的自我访问，培养至少一种长期的兴趣，学会一些适合一个人玩的游戏，有技巧地自慰。

以上，不解释。

这些方法，和你一直努力在做的事情一样，是为了让你坚强起来，丰富起来。如果陪你到最后的这个你足够优秀，你就不会害怕失去其他任何人、事、物，也只有这样，你才不会失去他们。

所有梦想永恒之爱的女人，你会得到这种爱。生命多长，爱就多长，永不背叛，永不辜负。它来自自私的，你自己。

以性联结的自私之爱：共生契约与成长同盟

豌豆问："那个，到底几次才正常？"

"19 岁 1 周 9 次，29 岁 2 周 9 次。你算接近 39 岁吧，3 周 9 次就 OK。"

……

"哈哈，开玩笑的。"

真的是开玩笑。杜蕾斯每年出具"性福报告"，确有很多关于频度、时间、高潮次数等等的数字指标，若真有疑惑，去百度一下就是，不要因为我在“自私小宇宙”里强调了性关系，就把我当成李银河或金赛那样的性学家。（当然我也愿意讨论性的话题，如果这本不叫《自私书》而叫《私房书》、《房中书》、《房中术》之类的话。）

在你的小宇宙里，紧密包裹着“自我”的“性关系”层面，我要强调的是“关系”。“性”是关系的联结，而不是终结。女人需要这样一种关系支撑，共度一生，而这种关系的实质，是共生契约与成长同盟。换言之，我们在这一层需要给出的，是契约式的爱、共同成长的爱。

这件听上去很高调的事，可以很务实、很有操作性地分成7步：

选择“一致”的盟友

相亲N次的盖濮，选择了一个女孩，来建立小宇宙这一层的关系。这例子有点特殊，但其实它的本质与世间男女普通的性关系一样，包含着好的和不好的部分。好的是，这段关系带动了两个人人生的变化——一家属于自己的店、一些新的人际关系、逐渐丰厚的物质积累和随之提升的生活层次，不管是不是能得到足够认可，她们已经开始新的生活。而不好的，不是没法建立婚姻，而是盖濮到现在仍说不清自己的标准，甚至不太确定自己的取向。但是，别轻视她，这世上大部分的关系，不都是在试探中搭建的吗？

小尤现在的老公是第二任。第一任是小尤的大学同学。毕业那年，该同学先在这座城市找到工作，小尤才追随而来。两人裸婚不到半年，该同学就投入多金女客户的怀抱，三两下办妥离婚，跟女客户移居新西兰了。小尤独自留在这举目无亲的地方，愤恨无计，发誓等将来发达了，专门包养此类薄情男，玩够了就狠狠扔出去，一定让他摔得很惨。可惜，发达没那么容易，刚勉强“装”出点样子，就遇上了现任老公。现任老公是个低阶公务员，也经历过一次被抛弃的婚姻（被一位真正的白富美抛弃），两人不知彼此触动了对方的哪根心弦，就此携手过起了捉襟见肘的时尚生活。

豌豆结婚的时候，看中老公的帅，至少外形上是个王子，和公主登对。而这位帅老公的想法十分坦诚：一个家庭要保证整体实力，“女财男貌”也可以。所以即使出现丰满小三和英国情人，离婚之类的事儿他也从没想过。

孔雀结婚的时候，看中老公的“三高”——高学历、高个子、高收入（不知道他“恋母”），以及“全款无贷二环内 180 平米豪装大平层”（后来觉得不需要了）。

公认模范的柏太，与柏总门当户对、品貌相当、资源互补、情趣相投。不过他们没有孩子。安娜的年轻、无畏、精力旺盛，也许同时代表着理想的生殖能力。

你看，张爱玲说得多好，“没有一样感情不是千疮百孔的”，也没有一个人不是。选个人太难了。如果只是要个炮友，考虑人种、样貌、尺寸、技巧及安全度即可，可要一个长久、稳定的盟友，一起应对生活乃至共同成长，什么样的人才是对的？

一句话：目标、价值观、模式、趣味一致的人。

就是盖濮没明白的那句：先想清楚“想过什么样的生活”，再决定“找什么样的人”。

所以我总在喋喋不休地追问“你是谁、要什么、怎么做”这些看似“虚高”的问题。根儿若能捋顺，一切问题都迎刃而解。否则，在微博、微信里学再多所谓智慧，也只能隔靴搔痒罢了。

根儿上的问题，并没有一次性的答案，想法也是跟随人生进程成长的。关于“我是谁、要什么、怎么做”，我自己现在也没完全弄明白。但，至少我有方向，你和你的盟友应该也有。

所以，不论第一次还是第N次（如金庸所说“能够一生爱一人是很幸运的，但很难”，所以不排除重新寻找的可能）选择盟友，你仍然应该关注房、车、钱、生意……这些，如果真是你要的，而对方刚好有，或者两人组合更容易获得，那很好。但也得再进一步，问问对方“想过什么样的生活”，分享一下中期、远期的数字规划，再描述一下感性的生活场景，如果和你差不多，那就太好了。

说到价值观，听起来很宏大，但实际上，它就是一个帮你省掉生活中很多麻烦的东西。因为它里面包含着对人对事的评判标准、做人做事的规则操守和选择取舍的优先次序（该如何对待自己最重要的盟友，也是包括在其中的）。如果两个人的价值观不一致，不免大事小事都要摩擦争执，那真是太麻烦了。不过话说，好像有的女人就热衷于这样的麻烦，希望从中实现对盟友的“改造”。但浪费时间的是，凡需要你改造的，多半改不过来。

再说模式，它与原生家庭相关。总体而言，中国与原生家庭的牵连，远远超出科学合理的限度。在原生家庭中学习到的生活秩序、交流方式、情感结构，会以一种可怕的惯性姿态进入你与盟友的新生活中，直接影响你与盟友的关系。要修改和重建模式，往往不那么容易，所以“门当户对”有其隐含的合理性。当然，模式这事儿没有优劣标准，预先充分了解，能适应就好。

至于趣味、品位这些东西，你可以把它们当成“非必需品”。不过我喜欢的王小波说过：“一辈子很长，要跟一个有趣的人在一起。”这个“有趣”是由你来评定的，弄好了，非常享受，为什么要放弃呢？

说到这里，女人们会说，光一致有什么用？要实现目标，还得有能力啊。当然。豌豆老公强调“整体实力”的意识是非常正确的。不过这一点不像甄选目标、价值观、趣味那么难，因为人的各种能力都和性能力的表现差不多：凡热衷谈论、展示、自夸的，多半不行；身边诸人及“前任”给好评的，应该不错；更多的，体验一下就知道，和幸福一样。

两个“一致”的人在一起多好啊，用不着时刻要求“忠于彼此”，只要各自忠于自己，两个人生就会自然而然地契合。这是深谙自私之道的人，彼此相爱的方式。

来一次“契约精神”的“洗脑”

这是个坏的年代，洗脑变成一项基本发展技能。党团组织、奇葩老板、养生专家、智慧导师……洗脑专家不断出现，我们心智未开时，大概都傻傻地被洗过几次。所谓洗脑的实质，就是人们基于自己的利益，去强行修改别人的目标、价值观和趣味。现在，到了属于你的重要关系中，你为何不试试？

不是让你变成党团、老板、专家、导师，你和你的盟友之间不存在“强行修改”这件事，因为你们是一致的（至于不一致的人，记得我们说过吗？“先做减法要紧”）。你需要尝试的，是与你的盟友明确契约，以及与之关联的契约精神。这确实类似一次洗脑，因为大多数人即使领证结婚甚至过了七年之痒，仍不曾直面过这件事情，真得好好更新一下。试试看，和你的盟友讨论下面这些：

（1）我们的关系，包括婚姻，是共同经营生活的利益关系。所以我们必须保证自己具有相应的能力。我们的成长应该同步。一人如有不足，应得到另一人的帮助。但若放弃自我成长，视同放弃关系。

（2）利益与爱不矛盾。

（3）我们的关系比其他任何关系都重要。一切收益，首先用于彼此，如遇急难，首先保障彼此。

（4）我们会有分工，依据各自能力与兴趣而定。但必须意识到分工中的“非直接营利”部分（如生育子女、家务劳动甚至视觉享受）也是具有价值的。

（5）我们会有自己的秩序，自己的生活方式、决策流程和日常时间表，除了我们自己，其他任何人包括父母子女，都只能参与，不能修改。

（6）即使在意见不合的时候，我们也要共同抵御各种干预与干扰。

（7）再好的关系也经不起 24 小时无缝隙的相处。我们应事先商讨好哪些时间、事务不需对方过问，好好遵守。

（8）我们的关系可能保持很长时间，在这个过程中如果被其他感情吸引，是非常自然的事。我们不必完全透明，也不妨在其他人那里汲取有益的滋养，但一切应以不损害或动摇我们的关系为原则。一旦违反原则，必须第一时间坦白。

（9）无论遇到何种情况、关系持续还是结束，我们都应维护对方尊严与体面。如有可能，尽量不对外谈及我们之间的种种。

（10）守护、维持我们的关系，到最大限度。

如何？谈得拢吗？

小尤说："别看我们这样，居然每条都差不多，不错哟！"

柏太说："有点太教条了吧？不过说起来，也都是基本。"

盖濮说："我不知道。"

豌豆说："嗯哼。"

孔雀说："他不认可（3）和（4），所以谈不拢（5）和（6）。"

萱爷问："（8）真的可以吗？"

重要的是吸引

问孔雀："就是说，你老公和你还没达成同盟。"

孔雀说："对。他妈更像他的盟友。"

"想把他撬过来吗？"

"能做到吗？"

当然能。为什么我们的成长同盟要基于性的联结而建立呢？

因为性的吸引力是人世间最强大的。它不仅仅包括实际的性欲和性行为，还包含着“同生命周期内”的一切吸引。这种吸引帮你找到一致的人，帮你构建亲密关系，帮你将他人（尤其是具有干扰性的亲缘关系）排除在外，它的力量是无可替代的。

“不会要我上演维秘秀吧？”孔雀问。

“Why not？”

“多尴尬。”孔雀说。

向你的盟友散发性感，尴尬吗？都怪大家相信“爱情变亲情”，弄出了奇怪的伦理感。亲情是无性的啊，你就这样放弃了你最强大的力量。而一旦你和你的盟友之间没有足够的性吸引，其他关系、其他力量就会乘虚而入，干扰你的秩序，打乱你的层次。

防范是没用的，烦恼也没用。重要的是吸引。

保持性的吸引，不仅是为了你和盟友的亲密关系，也是为了督促你改善自己。积极的性体验是女性自信的重要源泉，任何时候，都不要放弃对它的探索。

“说得容易。”孔雀说。还有比孔雀年长的女人们说：“已经‘左手握右手’了，怎么办？”

换脚也要试试。

试试下面这些：

（1）记住，男人想做爱，只想做爱，顺便恋爱、吃饭、看电影、谈人生。“曲径通幽”是可以的，但别弄错重点（如果你的盟友是男性）。

（2）虽然“激情爱”会逐渐被“伴侣爱”取代，但谁说你必须“缴械”呢？

（3）做一个“有趣”的女人、“好玩”的女人、“放得开”的女人。等你们能“玩到一起”的时候，就不容易拆开了。就算你不愿意玩维秘秀、家庭土耳其浴或Cosplay，至少可以和你的盟友一起钓个鱼、打个牌、泡个吧。干嘛把那些风情万种的事儿，留着让别人去做呢？

（4）时常制造点“吊桥效应”（这是一个在美国进行的心理试验，实验者让很多男性走过一座位于高处且看上去非常不安全的吊桥之后，再与某位女性见面，结果有七成男性表示见到的那位女性非常有魅力，这就是著名的“吊桥效应”。究其原因，不过是大部分男性把横渡吊桥时因为紧张所致的口渴感、心跳加速等生理上的兴奋误认为性冲动，自以为对那名女性产生了兴趣），把自己放在刺激的场景中，你也会看起来很刺激。

（5）寻找一个共同的“假想敌”（婆婆、老板、邻居……谁都可以，不过要记住是“假想”而非真的在现实中树敌），经常谈论并声讨之，同仇敌忾有利于紧密关系。

（6）经常看着你的盟友，不用说什么。

（7）经常说“听你的”（实际听不听是你的事儿）。

（8）使用一些只有你们才懂的小暗号。

（9）制造点秘密并保守它。有共同秘密，才是真正同盟。

（10）如果你已经有了孩子，不要就此一心当“辣妈”。“辣妈”这名头也就是在秀亲子照时用用，对于提升你在任何关系中的魅力，它都丝毫没有帮助。你最重要的盟友，才是你展示魅力的第一对象，面对他/她，继续做“辣妹”吧！

（11）别对外说起你们之间的任何事，同时减少关于你自己的无聊信息发布。喧哗扰攘是性感大敌。

（12）不要觉得委屈，你取悦的，首先是自己。

又一个中午，办公室十分安静，同事们吃过午餐纷纷入梦。孔雀打开电脑淘宝，搜索比较，刷卡支付，买了几件东西。

几天之后，某个晚上，婆婆在大卧室，弟弟、弟妹在小卧室，老公在书房。孔雀也不知道这是NBA的哪个赛季，总之他在看转播。孔雀的老公大学时代是校篮球队主力，虽然没流川枫那么帅，但球技相当了得。现在，他看球赛的时间是唯一婆婆不在身边的时间，也曾是孔雀近身不能的时间。

场间休息。屏幕上，充满WASP特征的金发篮球宝贝冲入场内热舞，孔雀的老公放下啤酒罐，站起来打算去厕所。一转身，他呆住了：金色假发、金色短裤、贴身白色背心下双峰涌动的孔雀，手持两只巨大的金色花球，伸展双臂，正在书架与沙发靠背中间，徐徐拉开一个标准的一字马。

谁知道身为二线城市电视台三线节目后台人员的孔雀，还有这样的基本功？

与缺点相处

“如果不是两个人一起‘装’，早就‘装’不下去了。”

“我们两个，都同情对方——因为懂得，所以慈悲。”

“两个不像样的人，碰巧缺口合适，‘咔’一声卡上了。”

小尤如是说。

她是个善于自嘲的人。在漫长的“装”的生涯里，说不定正是这个特点让她得以在高出自身等级的社交圈子立足，而不是聂鲁达与海子的比喻。她对别人也很刻薄，总能犀利而迅速地找到别人身上的软肋，在聚会后回家的路上，或欢爱之后的被窝里，与老公共同取笑。这样的时刻其乐融融，很符合前面说到的“同仇敌忾”。

他们俩也互相讽刺打击：他不顺利的仕途、她装腔作势的姿态、他没吃好的白富美软饭、她毁三观的初恋。说到即将翻脸的边界，总会有一个人及时唱起“人生已经如此的艰难，有些事情就不要拆穿”，另一个也总会在两句之内加入合唱，那可是在“人艰不拆”成为流行词之前。

他们躺在每月苦苦还贷以致无钱装修的房子里，畅想着1200T的埃及长绒棉床品和WMF锅子，达成共识：如果将来多赚些钱，出门仍穿原单衣服，但家居用品都要实在好货。虽然不知那一天何时到来。真的会到来吗？靠两个这么可笑的人？他们一起笑了。在小尤自认为不幸福的生活中，这样的时刻是幸福的。

盟友之间，为彼此的一致，与缺点相处。正如我们不能要求自己完美一样，我们也不能那样要求盟友。彼此能接受多少缺点、什么样的缺点，就是你们契约的边界。

接受不是件简单的事。也许可以试着去了解与思考：

缺点背后的故事是什么？

与带着这些缺点的他一起生活，需要付出什么？你愿意吗？

你有哪些缺点与他交换？

是否有改善的可能？

最后说到的“改善”与前面说的“改造”不同，伴侣间对彼此缺点的打磨，是一种有的放矢的同步成长，对你们而言，是好事。即使不能改善，也没关系，因为既然认可了彼此的目标、价值观、模式与趣味，缺点就一定不在“核心地点”，真的没关系。每个人带着各自的经历、习惯乃至生活模式而来，那些产生缺点的地方，一定隐藏着过去的不足、不满甚至伤痛，如果你能和盟友一起正视它，接受它，给予力所能及的补偿与抚慰，那会令你们的关系更加深刻。“因为懂得，所以慈悲”。但奇怪的是，能做到这些的，往往不是自我评价或他人评价中“最好的人”。而这也解释了我们的疑惑：为什么很多很好的人，却不能拥有好的关系。

“撩拨”一下更坚定

“送饭的男人有了？”

萱爷意识到关于（8）的问题太过直白（如果不记得了，请翻回第 109 页），引起这样的关注，有点不好意思。但她似乎很期待有此一问，以便引出她的下一个问题：“一个男人不做任何表白，见面就塞礼物，拒绝都没可能，直接扔车上就走……怎么办，要打包给他寄回去吗？真是困扰。”

“貌似困扰，实则炫耀。”

“你知道他扔了什么？海参！一大包干海参，用破报纸包着！”

“原来不是费云帆，是土豪。”

“但那是因为他看了我微信，说到气虚吃海参的事儿。”

“下次说百达翡丽试试。”

“从海南回来两次，说就为看看我。”

“看到什么程度？”

“吃饭、聊天、凝望、送礼物、依依不舍……”

……

“他很喜欢观察我，观察我的举动、我的表情、我的衣着细节、我用的东西。”

……

“我喜欢听男人对我说：‘傻女人，连个饭也不会做，自己一人怎么行啊？傻啦吧唧的没心眼，让人耍了也不知道，怎么当领导啊？’他就这样说。”

……

“还有，我们各自开车，他竟然尾随我。从餐厅出来，我以为他走了，没想到就在我车后面跟着我。下一次见面，他告诉我：‘上次一直跟着你，看你遇到复杂路况，还担心你搞不搞得定。哎，一会儿你就出去了，还行。看你一直回到单位我才放心。’”

“你被打动了？”

“林徽因说过一句话：‘一个女子的寂寞就是这样的不堪一击。如果一个男人对我伸出手，如果他的手指是热的，他是谁对我其实已经并不重要。’”

“我还以为是安妮宝贝说的。亲，你应该读点别的。”

“嘿嘿，有时候，我觉得，我们这个年纪的女人也需要一些不平常的东西撩拨一下。”

萱爷每次回家，待两个晚上。老公和她不回来的日子一样，每晚一部电影，抱着电脑喝着啤酒，一个人的午夜场。萱爷边收拾打扫边跟他说在外种种，他唔唔迎合；问起女儿种种，他说出来的还不如在班级QQ群里看的多，有些趣事，反而要萱爷讲给他听。萱爷讲，他哈哈大笑，萱爷凑巧往屏幕上一看，是电影里的笑点。

“你说，‘我们不必完全透明，也不妨在其他人那里汲取有益的滋养’，真的可以吗？”

“我觉得可以。”

女人每到此时，表现十足弱智。少女时没体验够的琼瑶剧情节一一上映，不由得惊喜又惶恐。惊喜的是自己就要人老珠黄还被欣赏呵护，惶恐的是只怕这情意转瞬即逝，该“发乎情，止乎礼”还是“给我渴望的故事，留下丢不掉的名字”？

女人，你想太多了。

看看萱爷陶醉的描述：土豪的礼物、凝望观察跟随，确是一种“撩拨”。可是“撩拨”因何出现？因为你需要。少女时情怀不满、“爱情变亲情”性能量丧失、中年倦怠、自我危机，或者只是因为孤身驻外孤枕难眠，总之是你在心底暗暗觉得，需要一点点……它就来了。

这叫“吸引力法则”。号称“仅次于圣经”的畅销书《秘密》，用两百页来写这件事，但你不用去买那本书（所有“仅次于圣经”的书都不必买），知道这个事实就行了：是你先设想了某个人、某件事、某种情感，然后，你会变得敏感，特别容易发现生活中类似的人、事、情感——他们原本就存在，不留心，看不见。而即使你不承认，你也会在无意中表现出向往与接纳，让那些人、事、情感更快地靠近你。

所以，女人，你遇到的“撩拨”，是被你召唤来的。既来之，则安之。不要装模作样地推诿责任，也不必愧疚，用平和的心态看待它、对待它，才是一个成熟女人应有的作为。“撩拨”像世上各种诱人的东西一样，具有短暂的麻醉功效。如果你能在麻醉中不损身心、麻醉后又能清楚认知自己真正需要的东西是否真正得到，那就可以。

我谨作以下提示：

（1）如果“撩拨”中真的包含你缺乏的或想要的体验，激发你开启更美好的自己，可以视为“良性撩拨”，请坦然享受。但如果这一切只是出于你的想象，请适可而止。

（2）辨别“良性”、“恶性”，把握两大关键：“钱”与“病”。凡涉及经济往来（馈赠、借贷、投资、诈骗、勒索）、不良嗜好（毒品、药物、酗酒、赌博）、危险行为（不当或不洁性行为、裸照或性爱视频、不得体公众表现、违法举动），以及一切有损身体健康或导致负面情绪的，绝不可沾染，那会令你的人与人生变得劣质。

（3）说到经济往来，请勿相信微博、微信中“给你花钱不一定是爱你，不花钱一定是不爱你”之类论调。“撩拨”中谈不到这些。只有正式构建盟友关系，经济上才可共通共融，否则，只会令你陷入麻烦。同时，不要事事上升到“爱”的高度。

当然，以上三条，是在“一切不损害或动摇盟友关系”前提下做出的。如果你的“撩拨”已经重大到要重新考虑盟友关系（包括婚姻），则另当别论。

我不知道女人们或者人们能否接受我的观点，但我认为这都是坦诚而现实的。同盟也好，婚姻也好，只是你小宇宙的一层，而你的小宇宙以及之外的世界，很大，很大。试图屏蔽、防范、对抗整个世界的人与事，是非常愚蠢的。只要你的核心仍然坚定、底线始终清晰，什么都无法对你形成干扰，不会损伤你的幸福。

还有一点很重要：你遇到的，你的盟友也会遇到。如果你不能很好地对待自己，也就不会善意地对待他或她。那些为“斗小三”而壮志满胸的女人们，其实可以试着与你的老公或盟友讨论一下我们前面说过的内容，也许会让你的战斗效率更高一些。

我见过很多女人，在“良性撩拨”中得到了滋养，变得比以前更年轻、更自信、更积极，也能更好地面对自己的婚姻或盟友关系。也见过很多女人，在面对侵扰时十分聪明地“化不利为有利”。因此，不必抱有恐惧、疑虑或敌意，用坚定的心去体验，会收获更多。

发现、融化与喜悦

“你们在聊价值观？”盖濮的恋人问。

“差不多。”

“那会把她弄晕的。她的脑子就是个蛋糕房，里边全是面和水，稍微动一动，你猜会变成什么？”

“嘿，这样说自己女人真的好吗？”

盖濮的恋人露出微笑，细长的眼睛微微眯起来，像吃到柔软酸甜恰到好处的草莓慕斯的表情，几乎可以称为幸福。她高挑瘦削，笔直长发染成暗红色，看人时眼神毫不回避。

“价值观什么的，她不能接受我撬走她师傅的客人，是不是？”

盖濮的恋人极轻微地摇摇头，甩开遮在眼角的一缕头发，直视过来：“但是，我以前也是那家店的客人。”

“有一天，我订了一个纽约芝士蛋糕打算聚会用，说好五点半到店里去取。那天好像盖濮不上班，中午她师傅有事要出门，下午打算关店，所以问也没问，就直接把蛋糕送到我办公室了。当时是9月，秋老虎发威，很热，办公室没有空调也没有冰箱，芝士蛋糕这样放半天就没法吃了，我就是因为这个，才说下班再去拿的。”

“可是盖濮的师傅坚持要我收货，说自己好心好意送上门来，我没理由不要。但你是因为自己的原因擅自更改约定的，完全没考虑客人的需求，是不是？所以我还是拒收。盖濮的师傅就开始发微博和微信骂我。”

“我不是第一个被骂的客人。说真的，那家店的蛋糕很好吃，开始是师傅做，后来主要是盖濮做。客人大多数都是熟人。师傅一直宣称自己是全城首家个性创意订制，可是后来生意好了，忙，客人要求做特别点的样子，就嫌麻烦不接，像我遇到的这种情况也很多，而且，每次都觉得自己好委屈，微博、微信全是怨念。这样的话，还要要求客人‘忠诚’吗？”

“至于她”，盖濮的恋人脸上又浮现出吃了草莓慕斯的幸福微笑，“她脑子里真的全是面和水，我从没见过这么感性的人。她做事情是专心致志用自己的全部感觉去做，心情开朗的时候，蛋糕上的翻糖小人都跳着舞；不开心的时候，会在坯子里加多朗姆酒；一个孤单的人来吃东西，她会在盘子里放一个坐着的饼干麦兜陪他；一缕春天的风吹进窗子，她会想到要用杏仁露和融化的棉花糖描述那种感觉……”微笑越来越深，几乎可以确定那就是爱。

“这样的人做出来的东西，才是真正的订制，是独一无二的‘有感情的蛋糕’。所以我们，会很好的。”她转头看向盖濮。

对，盖濮一直在听。因为她反应慢、脾气好、糊里糊涂，别人从不介意当面谈论她。

可是，她的眼睛湿了，像一朵颜色柔和的棉花糖慢慢融化。

我也不知道这段故事想讲什么。从小我就是“寓教于乐”的反对者，所以我其实不太擅长在故事里讲道理。这里，我大概是想说，未必每个契约都一上来就建立得那么清晰，也未必每对盟友都完全了解彼此以及彼此眼中的自己。我们的脑子和心里有太多壁垒，而相处的过程，应该是不断地相互发现与融合的过程。这样的过程，充满喜悦。

坚持到底，就是胜利

柏太和柏总的银婚纪念日，在船上度过，刚好是旅途中的一天。大概是侍者帮忙拍下的照片，一个落入俗套的场景，却非常美丽：两人并坐餐厅一角，穿着宽松考究的针织衣服，背后松木装饰的墙上星星点点小灯闪烁，桌上叠放着带有马蒂斯绘画的餐巾纸，一角还有只小小药盒。他们举起细长晶莹的香槟杯，对着镜头露出笑容，那笑容是松弛的，一左一右的位置也是坐惯了的舒服妥帖。他们并没向对方看，但有一种熟稔与温暖在中间流动。两个精明厉害的人，渐渐老去，都是有故事的，但无论故事里的人如何如何，依然只有他们是最契合的一对。

看到这个，我失去了追问安娜下落的兴趣。安娜，很多个安娜，是另外的人生。

人生太长，聪明的时间太短。我们建立一份契约，与盟友共守，若能守到25年、50年，甚而，直到有生之年的尽头，真是丰功伟绩。

像“契约”的最后一条：“守护、维持我们的关系，到最大限度。”

柏太与柏总的相守，是自私的，如果对照安娜或其他人的利益。但他们的婚姻确实最大限度地支持两人接近了自己的人生目标。在年纪抵达“半百”的时候，两人都拥有丰裕的物质保障，有各自的成就与名望，也有更宽松的空间谈情趣、谈感情。他们实现了契约的主旨：即使侵扰出现，和他们之间的秩序一比，还是不值一提。

没有一个人是完美的，也没有一个婚姻、一份契约不是烦恼丛生、破绽百出。但就像接纳不完美的自己一样，把契约保持到底，并且露出温暖笑容的女人，一定有着非常出色的地方。至少，懂得以下这些：

（1）知道每个成功的人都是梦想家，发掘并尊重盟友的梦，用自己的热情令他或她保持热忱。

（2）一起享受规划的乐趣。

（3）对盟友发展的每个进程保持关注，与之同步成长。有足够资格出入对方圈子（倒不必在里面流连忘返），了解对方所处的环境，熟悉其中的人与事，有共同的话题。

（4）成为“内外关系”协调高手，用自己的所长为盟友“加分”。

（5）接受“不完美”，相信时光会为一切洗礼。

（6）保有独立的空间与乐趣，有自己的梦，不要求盟友替代自己完成。

（7）付出耐心。

耐心地坚持到底，就是胜利。

关于契约与同盟，就说这么多了。作为引申，也许你愿意了解一下“世界上最著名的契约”——让·保罗·萨特和西蒙·波娃的《爱情契约》。这两人是20世纪法国最伟大的思想家、存在主义哲学家、文学家，是一个时代中最有影响的人物之一——哦，之二。他们富有传奇色彩的一生始终是人们谈论的焦点，而其中最有争议、也最有独创性的就是他们终生生活在一起，但从未结婚，只是订立了一份《爱情契约》。

《爱情契约》的主要内容：在未来的两年里，他们不必像夫妻那样同居一个屋檐下，但却要尽可能在一起亲密地生活，在这段时间里，他/她会在和你的相处中，越来越接近你、接近你们的目标。他们可以各自干自己的事业，两年之后，他们再次走到一起时，将检验这份感情，如果彼此仍深深相爱，将重新确定一种新的关系。

在萨特提出这份契约的时候，波娃突然觉得：一个纯正的目标正激励着他们两人，推动他们去汲取一切经验，进而去验证这一目标。她说："我们心心相印，约束我们的这份契约却恰好给了我们行动的自由，正是这种自由使我们紧密地维系在一起。实际上，从那时起，我们已经结为世间最不可思议的夫妻！"

于是，他们一起登上了探索人生的旅程。与大多数看上去美满幸福的婚姻相比，萨特和波娃从对方身上找到了更多的理解、相知和默契。尽管萨特一生曾有过无数的风流韵事，波娃也有过其他的情感经历，但始终无人能取代他们在对方心目中的位置。两人在才智上的比拼与互补及渐入佳境的默契，对生命欢悦的体会，以及真爱的对撞与吸引，使他们成为后人剖析时的真实伟人。萨特在《存在与虚无》一书中说："爱情是一项事业。恋爱者并不想像占有一件物品那样占有他的爱人，而是在一种近乎完美的相互拥有中，给予爱人充分的自由。"波娃则在《第二性：女人》中说："真正的爱情是建立在两个人的颇此了解和认识之上的；爱人们应该一起去认清在这个世界上追求的价值和存在的目的，用心领悟颇此间相同相异之点，任何一方都无须放弃自我而改变，因而任何一方都不会在这样的爱情中遭受摧残。爱情是彼此给予进而丰富两人共享的世界。"这份世间绝无仅有的契约式爱情，从最初签订的两年，一直延续到两人生命最后一息，而他们也在契约式的相守中，完成了各自的自我。

萨特与波娃，或许遥不可及。但在成就自我这件事上，伟人也好，凡人也罢，并无区别。以性联结的契约与同盟，是你小宇宙的第二层，也是最值得体验的一层。它具有婚姻的实质，但超越了婚姻的限制，是用一种理性的态度与模式，去保护你最柔软的需求与期待。一个自私的人应该拥有这种爱：清晰，坚定，不断成长，不妄言永恒，却最为长久。

亲缘中的自私之爱：退后一步是幸福

“我这辈子不都是为了你？”宜说。

我们生活在一起，因为她没有盟友。

“要不是我，他们能过得好？”孔雀的婆婆说。

孔雀觉得老公过得也不怎么好。

“反正妈妈的都是我的。”豌豆的儿子说。

豌豆想不出该怎么激励儿子努力上进，非常头疼。

“早知道两个孩子都没妈，还不如要一个算了。”甜蜜的老公说。

甜蜜的老大不说话，老二还不太会说话。

你看，说到亲缘层面，有的亲人爬上了道德高地，有的沉甸甸躺在疲惫的怀抱里。因为血脉联结，做出最坚实保障，我们完全不必怀疑他们的全心全意，也只得心甘情愿承担，哪怕过分地承担。

为什么在小宇宙的这个层面，我们总站在不属于自己的前线，想要替代别人去完成幸福？为什么总担忧自己在别人的路上，不能走到最远？

把我最好的给你。

按我的方式去做。

你幸福我才会幸福。

你一定要幸福啊，为了我！

好难啊。

明明我们之间的使命，只是血脉的传承而非复制；

明明我们不能彼此陪伴终生；

明明我们是不同的人，有不同的人生。

亲缘常常让我们忘了这些。

所以，继续推进自私的论调：在小宇宙的亲缘层面，对你最亲的、最难以割舍的亲人，如果你真的想让他 / 她幸福，请退后一步。

原生家庭：绵延与脱离

所谓亲缘关系，涉及最主要的其实就是原生家庭。中国人在处理原生家庭关系方面，一向不够明智。一方面，“孝为先”的传统伦理和对“亲子”的过度强调，使得我们在家庭秩序中总是不由自主地接受、施行“纵向干预”。另一方面，一度式微的“三代同堂”模式，在当前又逐渐复兴，其原因包括新生代夫妇在买房置业、养育子女方面的能力不足，也包括社会保障缺失造成的老无所依。新婚姻法似乎也在这方面发挥了消极作用：不是有精明人士研读该法之后发微信、微博指导吗——一定要让父母给你买房子！婚前买！用父母的名字买！

谁出资，谁就拥有权力。多一个人参与，多一重秩序干扰。正因为这样，孔雀的家才会变成自己没有股份的公司。她过得不好，老公也不怎么好，寄居的弟弟、弟妹，当然更不好。这中间并无根本的利益冲突，只是家庭模式的混乱。从心理学角度看家庭构成，一对夫妻就是一个核心（或者可以说，一个女人就是），越多核心共处，就是越多模式交叠，家庭也就越不稳定。

一个女人最可悲的事，就是一生不曾有一个属于自己的家。在这个家里，自己是真正的主妇，能够独立地进行“主内主外”的分工、收入支出的管理、子女的生育教养、重要事件的决策和日常事务的安排。我们有时会不得已放弃这种主权，因为没有房子、没时间带孩子等等，也有时篡夺了别人的主权，以——爱的名义。因为模式的交叠和秩序的混乱，我们往往看不到这点，除非，从乱七八糟的关系里退后一步。

孔雀之所以确定老公过得不怎么好，是因为他们进行了前所未有的聊天。孔雀扮演篮球宝贝的晚上，他们在书房里度过了一段意外的亲密时光，老公瞠目结舌地发现了被他忽视已久的新大陆。相亲结识的孔雀，在他眼中向来只是个“老实、听话、学历不错”以及“看上我家房子”的“剩女”。他与她结婚，不过是按常规履行人生，婚前没怎么恋爱，结婚事务都由孔雀婆婆决策操办，婚后孔雀毫无存在感地在这个家中出没，也从没引起过他的关注。他们做爱，婆婆永远在隔壁，也没什么意思。可是一字马篮球宝贝……孔雀老公刻板的生活中从未出现过这样风骚的一幕。大学时代的美女们瞧不上土气的、不解风情的他；眼光苛刻的孔雀婆婆也不容许他与那些鬼灵精怪、活泼有主张的女生交往；选孔雀就是因为孔雀老实，可谁知老实之下另有文章。他的某种隐藏的兴趣被点燃了。

两个人开始在孔雀婆婆眼皮底下偷情，合法夫妻的偷情。孔雀在厨房洗菜、切菜，老公假装拿啤酒、拿水果进去转一圈，在婆婆背后拍拍她的屁股；婆婆搬到大卧室之后常借口找东西串回他们睡的小卧室，他们以“让妈方便点”为名，合力把小卧室的柜子整个抬进大卧室，消灭了婆婆“找东西”的借口，随即还在门上装了把古老的插销（比任何用钥匙的锁都保险）；他们在饭桌上听完婆婆的宏论，把碗筷丢给弟弟去洗，就一前一后溜进卧室或书房；他们开始不回家吃晚饭，而是去看电影、泡书吧或吃路边摊；后来有一天，孔雀带老公去了她有会员卡的那家酒店，那是老公第一次“开房”。纵情新鲜之后，他躺在床上听孔雀讲了之前的“出走”经历，疑惑地叹一口气，搂住了她。他们越来越顺畅地聊天。孔雀印象最深刻的一句话就是老公说：“我妈也挺可怜的，就剩下‘霸权主义’了。”

这就是前面说到过的一种情况：孔雀婆婆也是一个优秀的女人，但以性联结的层面缺失，就会下意识地在其他层面寻求补偿。于是，她把“霸权主义”延展到儿子儿媳的生活中，坚持让他们在自己的模式中生活。孔雀的老公在这种模式中，一直保持着未成年儿子的心态，以至于一度将妻子当成“外人”，要求她也臣服“霸权”，哪里还会想到构建新的模式。还好这种状况被打破了，孔雀迟到的性吸引，让老公一夜长大。他们开始交换感受，一步步从孔雀婆婆的“霸权模式”中退出。孔雀曾想过“一个人生活”，现在她的想法有点变了。她想，如果她可以支付自己的生活成本，老公也可以，为什么不共同重新投资自己的家——这个奇怪的“公司”呢？

可能身为中国人的我们，只习惯绵延，不愿意脱离，认为这才是爱的表现。可是，在原生家庭中，不论我们年纪多大，角色都永远是孩子而非独立的成人，这样的角色是无法应对现实的。只有当我们缔结婚姻，或构建盟友之间长久契约关系的时候，我们才有机会转换角色，真正担当起自己的人生。绵延是一定要的，如果原生家庭模式健康，有着良好的运转机制和愉快的氛围，我们应该汲取其中的积极经验，同时，也接受婚姻对象或盟友从他 / 她的原生家庭中带来的东西。但这种绵延绝非生硬地复制，而是要在两个人相互包容、融合的基础上，各自退出原生家庭，共建新的模式。这需要个过程，需要一项项实践、一项项磨合。开始时大家可能不适应，常常不自觉地变回儿子女儿，各自坚持、维护原来的套路，将两人之间的事务，变成两个家庭的对垒，这种状况必须逐渐修正。否则，对原生家庭越依赖，新生家庭就越弱小和不稳定。

所以，务必记住，你的第一身份是独立的人，是妻子、丈夫、盟友之一，其次、再次的身份才是父母、子女。在一个健康的新家庭中，如果存在“霸权”，它只能来自你和你的盟友两人。即使因为某种原因不得不与父母或他人共同生活，他们也只能是参与者而非主导者，必须尊重你们的生活习惯、作息时间，他们带来的意见、建议和各种帮助，你们可以有选择地接受，也可以拒绝。而所有的规则，应该事先说清。不要觉得这样会伤感情，如果人人不清楚界限在哪里，只顾一厢情愿地投入，才更容易受伤。

写到这里，我忽然感到深深的困扰。

社会要借助一个又一个健康新家庭的成长，获得新的细胞，实现更新与提升；健康的基础是独立，如果人们没有足够的经济能力和心理成熟度，就根本谈不到“退后”与“脱离”，也无从构建新的细胞。可是，我们这个秩序迷失的社会，令年轻一代的独立成本越来越高，对原生家庭的脱离也越来越困难。前面谈到的种种，可能催生意识的改进，却未必能提供现实的支持。这也许是这本书中最令我抱歉的地方。孔雀之前认为让“股东”“撤资”是做不到的，现在她开始尝试，未知结果如何。可还有些人，也许连尝试都做不到。独立、脱离或者幸福，我不想对他们喊出这些无用的口号。

该怎么办呢？要不，从我们对下一代的行为中做起吧。

子女：暂时的陪伴与永恒的示范

2013 年上映了一部《金蝉脱壳》(Escape Plan)，在里面又看见久违的动作巨星史泰龙。早年他当道时，我还小，读到一篇访谈，问及他最讨厌什么，他回答“不断谈论自己孩子的女人”，还小的我十分反感，立即将之划入“没有爱”的一类。时隔多年，看见这老男孩回归，顺带想起当时那句话，已经有了孩子的我忽然大有同感，为他点了个迟到的赞。

豌豆带儿子去参加了一个业内论坛。人家盖茨不就从小跟着身为 IBM 董事的母亲参观公司吗？巴菲特不也跟着国会议员爸爸驾临高盛吗？从小浸染，才能培养出真正的精英。所以豌豆给儿子穿上一身堪比小贝儿子的行头，骄傲前往。满场肃穆人物，忽见一位小朋友出场，侧目之余也得客气几句。豌豆满脸笑容介绍儿子年纪、生日、身高、体重、属相、星座、性格、才艺、未来规划，一说便停不住嘴，一边说，一边还忙着让儿子在主背景前、座席前排、嘉宾身畔摆姿势拍照，手挥目送，一条条微博、微信发出，直到论坛开始。

主持人致意之后，全场安静下来。屏幕打出话题，主场内的几位重磅嘉宾纷纷亮出干货，听众频频点头深感此行不虚，气氛既学术又愉悦。正当全场人士渐入佳境之际，忽然，一个响亮童声扬起：

“妈咪，你会唱小星星吗？”

论坛结束，承办方向主办方深刻检讨：请柬未标注“谢绝未成年人入场”确是低级错误。但豌豆是主办方邀请的嘉宾，承办方就不好指摘。豌豆自己呢，可丝毫没觉得不妥，儿子那么小，听不懂大人说什么，坐不住也很正常，至于他唱得走调，她不是赶快拿出手机给他找伴奏了嘛。

看，子女确会令人变得愚昧。女人一谈起子女，苦心修炼的社交分寸瞬间丢失，也丢了一切客观、科学、理性，只当全世界都热切希望了解她的小星星，自己有责任随时随地发布动态。而全世界任何地方，当然都得对她的小星星开放，如果小星星没成为全场焦点，那，他们也太没品位了。

这不是件好事。

但豌豆担忧的不是这个，而是前面说到的，不知怎么对儿子做出有效激励。来之不易的儿子，自然被寄予厚望。豌豆从儿子不会说话时就开始教导，以后须得好好学习、力争上游、出人头地，可儿子刚会说话就口齿不清地说“妈妈的，我的”，后来大点，还是这句，说得更加理所当然，不知怎么就认识到，反正将来总是住这房开这车，拿这些首饰包包送女友，何必费事。

“该怎么教育？”豌豆问。

我不会有第二个答案，除了这本书的主题——自私，自私一点。在你的小宇宙中亲缘的层面，在你的子女身边，退后一步。

这一步，比什么都难。但如果你明白两件事，也许你会愿意退后：

第一，你对子女的陪伴，是暂时的。即使百岁高寿，总有一天你会离开，而说不定在离开之前很长时间，你就已无力支持子女的成长。如果届时他们仍然只习惯和你在一起，而没有自己的亲密盟友（或没有能力建立自己的契约关系）、没有独立的模式、没有对于亲缘分离的心理建设，他们会很痛苦。

第二，你的小宇宙再大，也不是整个世界。豌豆的儿子之所以“心安理得”坐等继承，多半就是因为对“外面的世界”没有见识。须知妈妈就算有 1 家公司、3 个职位、5 处房产、7 箱珠宝，扔到真正的财富轮盘里也不算什么，可能连一张入场券都换不到。以及，你对待子女的态度，绝非整个世界的态度。若你的子女只会与你相处，总有一天，小星星会被嘘声。

这是个残酷的真相：我们亲身诞育的生命，是另一个人——另一个，人。他 / 她来到这世界，是为了自己的创造与体验，而不是复制我们或实现我们未竟的心愿。你不能神化他 / 她，生命的感动、成长的惊喜、未来的无限可能，这些固然存在，但他 / 她不是你的神祇，不应该从此笼罩你的整个生命。每个人都有探索的权利，也有犯错、失败、平凡的权利，你不能因为自己优秀或不够优秀，就期待你的子女是来自氪星的超人，专为解救你一生的遗憾而生。

接受这个真相，退后一步。

“退后……退到哪儿？干什么？”豌豆，以及每个有子女的女人娇嗔质问。

确实，我们习惯了亲密再亲密，哪里知道如何退后。聚会里另一个女人，儿子比豌豆的大，而她与豌豆一样，从坐月子开始和老公分房睡，一晃九年，都没“分久必合”。每晚，她陪儿子写完作业洗完澡，一起躺在床上，用 iPad 玩化学元素游戏、看《查理九世》、讲睡前故事。老公想参与，母子俩一起轰他：“你才不懂我们玩的呢！”老公走了，母子俩在枕头上说悄悄话：“不要选小欣当女朋友啊，女孩子光卖萌可不行，得爱学习、有头脑，像妈妈这样。小迪也不好，上次把你的脸都抓破了，妈妈绝不允许任何人伤害你……”等儿子睡着，她也沉沉睡去。早上老公开车送儿子上学，她的一长串安全警告直追出家门，仿佛老公不是儿子的爸爸而是人贩子。家中保姆只做儿子爱吃的菜，饭桌上聊天也只聊和儿子有关的事，直到某天，这女人忽然意识到，老公很久不回来吃饭了。

“退后……退到哪儿？干什么？”你说呢？

退回到你的自我，以及你与盟友的亲密关系，给子女健康的示范。这种示范是最好的礼物，可以延续到你无力支持他/她的时候、延续到你离去之后。它包括：

（1）与你的子女以“你”、“我”相称，而不是“宝贝”、“妈妈”。

（2）每天都在你与子女之间，留出独立的时间和空间。没错，爱就是陪伴，但不是 24 小时的陪伴。

（3）告诉你的子女：我比你更早来到这个世界、更早承担责任，所以我也有权享受我们拥有的一切，甚至优先于你。

（4）与子女分享你的人生目标和价值观。在你做的每件事中，告诉他/她你的标准和方法。在子女做的每件事中，鼓励他/她使用自己的方法。他/她不知怎么做时，尽量讨论而非直接指导。

（5）在力所能及的范围内，尽量带他/她见识“外面的世界”，即使没有能力，也要告诉他/她自己的局限和世界的无限。

（6）和你的盟友好好相处，这位盟友可能是你子女的父亲，也可能不是，但你要对你的子女证实，这才是你最重要的关系。

（7）父母对子女的爱不应“分别进行”，更不应该展开“爱的竞赛”。只有父母亲密、默契、保持一致、形成整体，孩子才能感受到最多的爱，也得到最积极的示范。

（8）如果要离婚而子女未成年，不要让他/她去做“跟谁”的选择。

（9）不要与你的异性子女过于亲密，尤其不要暗示他/她以你为标准选择自己的盟友。我个人非常厌恶“小情人”的说法，那是一种非常无聊的情感转移，不仅毒害你自己的盟友关系，更影响你子女未来的幸福。要知道，没有一个人愿意充当别人的复制品，你子女未来的盟友自然也不愿意，并且，父母之爱与性爱、与契约之爱根本不是一回事，如果你的子女总是进行错误地对比，那他/她永远不会满足，更不会幸福。

（10）鼓励并帮助你的子女，完成对原生家庭的“绵延与脱离”。

我们能做的，就是这些而已。或许还应该说一点：最好你是幸福的。像教育家马卡连柯说的那样，“一切都让给孩子，牺牲一切，甚至牺牲自己的幸福，这是父母所能给予孩子的最可怕的礼物”，不幸福的女人，是教养不出幸福的子女的。

请允许我分享一首诗，作为这个段落的结尾：

On Children
致我们终将远离的子女

Khalil Gibran

纪·哈·纪伯伦

Your children are not your children.

你的儿女，其实不是你的儿女。

They are the sons and daughters of Life's longing for itself.

他们是生命对于自身渴望而诞生的孩子。

They come through you but not from you,

他们借助你来到这个世界，却非因你而来，

And though they are with you, yet they belong not to you.

他们在你身旁，却并不属于你。

You may give them your love but not your thoughts,

你可以给予他们的是你的爱，却不是你的想法，

For they have their own thoughts.

因为他们有自己的思想。

You may house their bodies but not their souls,

你可以庇护的是他们的身体，却不是他们的灵魂，

For their souls dwell in the house of tomorrow, which you cannot visit, not even in your dreams.

因为他们的灵魂属于明天，属于你做梦也无法达到的明天。

You may strive to be like them, but seek not to make them like you,

你可以拼尽全力，变得像他们一样，却不要让他们变得和你一样，

For life goes not backward nor tarries with yesterday.

因为生命不会后退，也不在过去停留。

You are the bows from which your children as living arrows are sent forth.

你是弓，儿女是从你那里射出的箭。

The archer sees the mark upon the path of the infinite,

弓箭手望着未来之路上的箭靶，

and He bends you with His might that His arrows may go swift and far.

他用尽力气将你拉开，使他的箭射得又快又远。

Let your bending in the archer's hand be for gladness,

怀着快乐的心情，在弓箭手的手中弯曲吧，

For even as he loves the arrow that flies, so He loves also the bow that is stable.

因为他爱一路飞翔的箭，也爱无比稳定的弓。

更多子女：除非你够强悍

“闺蜜来电话，说二胎生了。”

“哟，喜事。”

“说是二胎，却是三个。”

“三胞胎？那得包多少红包？”

“她没要红包。她哭了。”

“啊？”

“二胎是试管，做了两次，第一次放进去四个没成，第二次又来，还是放四个，活了三个，三个男孩。现在全家抱头痛哭。”

“就是说她有四个孩子了。”

“对。其中一个才三斤多，要在温箱里躺一个月，一天1500元。这还不算什么，她哭着说：‘在上海，生一个男孩，就等于背上了500万元的债，我现在背上了1500万元的债。'”

“真是血淋淋啊——私人订制变批发。”

这是另一段八卦。女人还真是一点同情心也无，人家越生活得人仰马翻，八卦起来越觉得热闹。不看热闹还能干什么呢？祝福这位一女三子之母，不要步上甜蜜的后尘？

生育是个重大命题，其中包涵的社会文化、宗教、政治因素复杂，尤其在这个将“计划生育”作为“国策”长达数十年的国家。从“双独”到“部分单独”，政策逐步松动，被管控了几代的人们，为一线“生机”而兴奋，其实是管制催生的逆反心理。又，张艺谋等明星名人的“超生”新闻屡屡曝光，似乎在向大众作出某种暗示，将“多子”与“实力”、“特权”划上等号。身处这样的生态环境，“更多子女”似乎可以作为一个单独的话题。

我在聚会里问女人们对“二胎”态度如何。她们回答如下：

A. 能生当然要生，喜欢孩子，没有儿子（女儿）怎么都是遗憾。

B. 不生，养不起（身体受不了）。

C. 生吧，老公（公婆、父母）想要，朋友同事也说还是多要一个好。

D. 不知道，生了麻烦，不生可惜。

四大选项，人数均等。选“生”的，大多有性别要求（与已

有子女相反），而坚决“不生”的仅占四分之一。（其中一位已有两子的，还打算尽快孕育老三）

聚会女人阶层狭隘，无人考虑“养儿防老”，“养儿背债”倒是共识。事实上，每多一个子女，就是一次家庭关系和生活品质的改变，所有家庭成员都被牵扯其中。父亲可能变得更自豪、更有责任感，也可能备感压力、烦躁不安；第一个孩子可能变得成熟、包容，也可能认为“爱转移”而孤独、叛逆；家庭经济状况和生活水准可能保持原状，也可能明显下降；日常生活的节奏与气氛可能更紧凑愉快，也可能混乱紧张。除此之外，身体的付出，职业娱乐社交的停滞，生活节奏的变化，性体验与情感的变化，则只能由女人独自埋单，毫无公平可言。所有这些事可能带来的困扰，远远超过想象。所以，除非你够强悍，或下定决心变得更强悍；否则，不要凑这热闹。

强悍的意思，包含由内而外的自我修复，也包含应付骤然倍增的事务的能力。还有更重要的，它意味着价值观与方法论的再一次壮大，因为每个子女都要带着你的这些东西去成长，枝叶延展越多，责任就越重大。如果女人自身的成熟度能与子女数量成正比，如果每次生育都激励自我提升，那“二胎”也好，“N胎”也罢，都是你的福音。而如果反之——但愿别像甜蜜那样。生育是最私人的事务，仍要自私地处理，但愿承受的同时，也能享受。

每个女人的老后：请勿纠缠，请予尊严

老美人儿若多生几个，多几个人照料她晚年，多好。老美人儿的男人若不是比她年长 11 岁早早离去，能老来做伴更好。老美人儿若自己管得了自己，那才最好。

身为孙女，这样说话可算自私到家。不过这不是我说的，是老美人儿自己。看，就算是这黏人的美人，对世事人情其实也一清二楚。人生前面的大半段，小宇宙一层层丰盛，人与事与物，谁没经过些热闹；而后面小半段，越接近晚年，越一层层剥离，剥到最后只剩一个自己——最好自己管得了自己。

日本女权主义学者上野千鹤子也这样认为：“结婚也好，不结婚也罢，无论是谁，最后都是一个人。”她撰写的《一个女人的老后》，是一部很有前瞻和预警性的作品，谈到了女人的生老病死，也谈到了货币通胀、社保制度，以及不婚、离婚、失婚种种情况下的“老后规划”，值得女人们一读。书中描述的日本社会现状，与我们在文化、意识上有许多相通之处，但毕竟他们的社会保障机制比我们的要合理、坚实得多。所以对女人们来说，老后的挑战，更为艰巨。

我们能做些什么？维护保养，延缓衰老？有效理财，谨慎节蓄？选好养老机构，购置墓地？在还不算老时周游世界、尽情恋

爱，开阔眼界、提升境界？培养某种娱乐习惯以便“老有所乐”？预设某个项目以便“老有所为”？还是像作家六六说的，“一切学习，都是为老年做准备”？

都很有必要。一个自私的人必得做好这些准备，才能像赞·多吉说的那样“在满足与保障中老去”。但这还不是全部，还有一句“在尊严和祥和中辞世”。尊严，是我认为走到生命尽头时最重要的东西。就算我们做好了种种保障，也未必能实现真正的尊严。

我在八卦的人生里，看了太多没尊严的例子，其中一例是我家族女性尊亲。这位传奇夫人，一生奋斗在某港口城市，是外贸界风云人物，盛年时才干容貌俱佳，每日客商如云络绎不绝，也不乏裙下之臣簇拥。家中先生资质平平，脾性倒是好的，四名儿女承蒙荫庇，也算各有小成。传奇夫人中年患上糖尿病，晚年病情逐渐加重，最后大约有八年卧床不起，体重两百余斤，全无自理能力。但是，她的意识始终清晰，时时强调“少年夫妻老来伴”，叫先生不得嫌弃。先生任劳任怨，天天与轮值的子女合力搬抬她沉重肉身，一把屎一把尿地照料，后来先生在她卧床第六年的某天，毫无征兆地猝然离世。此后每天改为两名子女共同轮值，她还叨念“久病床前无孝子”。病得形容骇人、气味恶劣，她认为是别人故意害她。有人来看望，她谈起旧事长吁短叹，无人来看望，她斥骂人都不记恩典，边骂边扫一眼床前孝子，满满的警告意味。

她过世那天，儿女对视一眼，不约而同长吁一口气。

所以，我想说，真正的尊严是：放开怀抱，不要纠缠。

首先，要放开过去的一生。花容月貌、丰功伟绩、浓情蜜意……时光的琥珀已经封存了它们，就不要再没完没了地翻出来，打碎弄脏。

其次，要放开一切关系。亲密盟友也会老死，子女另有他们的人生，至于一生中路过的人，曾经交集，就已尽到缘分。

最后，放开对老、对死的一切执念。看一切变得丑陋笨拙，一切渐渐脱离控制，不必惊惧，接受就好，越是挣扎抵抗，姿势越是难看。

一切放开之后，就不会无谓纠缠，不会强拉硬扯一个已经散逸的小宇宙，勉强尴尬运转。

一个人静静的，可能相当寂寞，但别担心，不会太久的。你会成就泰戈尔所说的“秋叶之静美”，以尊严的姿态。

宜对我说过一些话，我打算稍微包装一下，也对我的女儿这样说：

爱是陪伴，但陪伴中请让我保持体面，你也保持愉快。

我会尽量做好经济储备、将事务安排妥当，若仍有不足，你能帮就帮，不能帮也不必勉强。

我若病痛瘫痪卧床，请勿亲自照料，能来看望，说说八卦就好。

我赞同安乐死。

一切都是按照自然规律和我自己喜欢的方式发生，与你无关。你永远不必遗憾愧疚，我也将一直爱你。

当然，这只是我们的意见。

以上是关于小宇宙的亲缘层面，退后一步的爱。在这个篇章里，其实我一直在想人们最常犯的那个心理错误——反黄金法则。黄金法则是说：“我希望别人怎么对待我，我就怎么对待别人。”但我们喜欢反过来：“我怎么对待别人，别人就要怎么对待我。”所以，当我们认为自己在亲缘关系中（盟友关系中也一样）付出了无私的爱、甘愿放弃自己的幸福换取所爱的人幸福时，其实我们也在期待同样无私的回报。这对我们爱的人非常不公平。我们对彼此投入太多、期待太多、参与太多、进入太多，以致爱变成了绑架。

所以，还是自私一点吧，退后一步，先去完成自己。

世上所有相爱的人之间，幸福是彼此契合的楔子和榫子。你幸福了，和你有关的一切也会幸福的。

给所有人的自私之爱："白金法则"与"去中心化"

萱爷趁着市场淡季，回家干了两件痛快的事：组织了两场聚会。

第一场，母亲节，她订了最贵的养生会所最大的房间，借用公司本部两辆豪车及司机，接来五位婆婆。其中，端坐大桌主位的是自家婆婆，刚出院不久，新做了头发，戴一尊玉佛，虽然扯着家乡口音不大会说话，也暗暗使劲撑起场面。另四位则是"送饭党"成员的婆婆，穿着与气质各异，身边各自坐着事先未接通知、临时赶来的媳妇。满桌人除了萱爷，个个一脸莫名。

萱爷坐在副陪席位，端起一杯热山药汁："今天是母亲节，我早想找个机会把妈妈们接来聚聚，总算实现了。前段时间我妈住院，我在外面也顾不上，多亏好姐妹们照顾。无以为报，就一起过个节吧！妈妈们，辛苦了！姐妹们，感谢！"

大家这才领会主题，一杯杯山药汁、南瓜汁碰在一起。媳妇们铺餐巾的铺餐巾，夹菜的夹菜，忙不迭照应自己婆婆，当然也不免小声交代些来龙去脉。各家婆婆得了话题，都向萱爷婆婆问候，"得什么病"，"不要紧了吧"，"脸色挺好"，顺带交流健康养生心得，慢慢聊开，也就不拘束了。萱爷连敬几杯，先夸赞自家婆婆如亲妈，体弱志坚从不拖后腿，又向每位婆婆介绍自己与她家媳妇相识多久情谊多深，这好姐妹往医院送过几次海参或煲汤。事先安排好的服务员紧密配合，一一送上包装精美的康乃馨花束。有位婆婆张嘴便说："哟，这叫什么花？我还头回收到呢！"身边的媳妇一脸尴尬。

好菜一道道上来，气氛开始热乎。婆婆们平时没多少饭局聚会，遇着同龄人，不免一见如故。萱爷建议干脆换位，婆婆们一个挨一个在上首坐成半圆，媳妇们则凑成另半圆——"这样说话多方便！"婆婆们果然说得更起劲了。朴实的说："年轻人都忙，俺那儿子媳妇也没空回家，八月十五一趟、过年一趟呗，要说俺家也不远。"识趣的说："你这媳妇品性真好，大气、周全，在单位是不小的领导吧？"也有酸溜溜的说："我这个身子骨也是硬撑，想开了，明天也住院去，等着媳妇送饭吧。"

不知道媳妇们听没听见。萱爷早逼着她们把杯子里都换成了酒，"封疆大吏"的萱爷，酒量是很厉害的。

第二场，儿童节。萱爷早跟女儿的班主任打好招呼，包场"星期八小镇"，让全班同学加各位老师的孩子尽情狂欢，欢迎家长陪同。还包一顿午饭，"小镇"隔壁的必胜客，比萨牛排随便点，冰淇淋吃够为止。对二年级小孩来说，这就是豪华梦幻一日游了。59 名同学加差不多数量的家长以及 3 位老师，场面好不热闹。班主任忙着拍照上传班级博客、QQ 群相册和学校网站论坛。学校鼓励多搞活动，“小镇”里的角色扮演，可提高创造力、想象力，午餐时不知谁带头唱起改编版《妈妈去哪儿》，也体现出大家庭其乐融融，这样的资料准为班级加分。嗯，这样的家长多一些就好了。

萱爷和老公一起陪着女儿，她看着一张张可爱的小脸，在心里帮他们写周记：“今天，在某某妈妈的组织下，我们过了一个快乐的‘六一’。”并暗暗期待他们中有人会去问自己妈妈：“早饭可以吃牛排吗？”

听萱爷讲完这两段，我钦佩地问：“这就是你说的‘报答’？”

萱爷重重点头：“嗯。她们怎么对待我，我就怎么对待她们。”

我想来想去，不知道这算不算另一个版本的“反黄金法则”。只能问萱爷：“你牙根不痒了吗？”

萱爷沉默。

如果是我，也会沉默，因为实在总结不出这两件事的收获。报复？哦不！报答“送饭党”，大概让萱爷夺回了一些心理优势，所谓高地的东西。但是聚会的女人、女人的婆婆、女儿的同学、同学的家长、老师和老师的孩子……本来不都是没关系的人吗？

就这么糟糕，我们认为关系是世界上最重要的东西，专门对没关系的人起劲。

“是那些人先起劲的。”萱爷说。

大概她们没画过自己的小宇宙吧。人没有经过自我整理的时候，总觉得满眼缤纷，俱是要紧。因为哪些在核心、哪些在外围判断不清，只能怀着一种谨慎的功利心，假设每个人都可能对自己产生潜在的利益影响、每件事都可能指向自己想要成就的目标。如果考虑到蝴蝶效应，这也是对的，但其中“场”的运算过于复杂，花费大量时间精力的所作所为，未必都有积极意义。

“送饭党”的举动，不就起到了负面效果吗？女人们想借助“送饭”表达对萱爷生活的关注，但萱爷从中感受到的是“弱势群体”的尴尬。“家委会”想借助“爱心早餐”和“爱心周末”表达“温暖”，而萱爷只觉他们“闲得蛋疼”。终于“送饭党”满满的正能量，招来了萱爷狠狠的报答，因为他们的举动，对萱爷而言是一种缺少尊重的、多余的干涉——她，不，需，要。

好了，我们得来学习一下人际关系中的“白金法则”。听名字就知道，它比“黄金法则”更高端。1987 年，美国学者亚历山大德拉博士和奥康纳博士发表论文，提出这样一个观点：“在人际交往中要取得成功，要做到交往对象需要什么，就在合法的条件下满足对方什么。”凝练为“白金法则”就是：“别人需要你如何对待他，你就如何对待他。”

对，“别人需要”才是前提，别人不需要就是瞎起劲。

“白金法则”提供了一种角度，就是“以对方为中心”，在充分体察他人、了解他人的基础上，进行人际的联结。同时，“白金法则”可以延展出另一个概念，即“界域感”：尊重他人的独立空间，尊重事务的合理限度，也尊重自己的能力与意愿，不随意介入彼此的生活。这与我们从小被灌输的“集体主义大家庭”模式相去甚远，与当前不分青红皂白地“传递正能量”也不一致。这是一种更文明的表现，尤其适合懂得自私的人，因为它令你在人际交往中表现得更聪明、更得体，也为你节省了时间与精力。

萱爷说：“你说得对，都懂这个就好了。不过我跟你说，‘送饭党’的关键点不在这儿。”

“在哪儿？”

“她们就是想压我一头。”

果然，萱爷与“送饭党”的过招，更类似于一种心理优势的比拼。在类型与水准接近的个体之间，这种比拼总是格外激烈。萱爷认为自己事业冉冉上升，竞争优势似乎也略为上升，女人们总要找回一点儿来。至于“家委会”，那些家长们大概还没学会“退后一步”，而是直接代入子女位置，想替自己孩子争一点优势，所以竞相出手，体现“施比受强大”……好吧，我想多了，萱爷也想多了。

我们想多了的，永远不是别人，而是自己。萱爷在竞争中的位置变化，说不定也是她自己想出来的。女人很陶醉一种姿态：“我经得起多少诋毁，就担得起多少赞美。”可是诋毁和赞美你的人真的存在吗？或者，为你而存在吗？你是你小宇宙的中心，这没错，可不是别人小宇宙的中心啊！我宁可相信“送饭党”多少都持有善意，可能不够聪明，但不见得是心心念念要压倒萱爷。萱爷真是越来越不“爷”了。

比萱爷更不“爷”的女人比比皆是。豌豆曾有一个时期，看见聚会中的女人小声说大声笑，就以为是在传播她、老公与小三的秘闻，而看见英国情人发推特，无论说的是利率调整还是晨跑扭到脚，都觉得是对她的暗示；小尤看见柏太在微信里谈论戏剧流派顺带谈到某典籍版本，以为是讽刺她跟不上晒牛津书的游戏；孔雀的婆婆看见孔雀与老公进了书房关了门，心想他们一定是去密谋推翻她的女王威权——其实，他们在不管不顾地热吻。

所以，在小宇宙的最外层“资源关系”中、在整个小宇宙中、在小宇宙之外的广阔世界中，除了“白金法则”，我们还得学习“去中心化”。这是瑞士心理学家让·皮亚杰提出的概念：随着主体对客体的相互作用的深入和认知机能的不断平衡、认知结构的不断完善，个体能从自我中心状态中解除出来。翻译一下就是：不要以为别人都在谈论你，不要揣测别人的表现与你有什么关联，更不要因此而烦恼。对世界认识越多，越知道你不是中心，真的不是。

这是个等价交换、资源流通的世界，每人与每人之间都是“给予—索取”的关系，现实利益与爱都包含在内。你不必无谓地关注谁、帮助谁、成就谁，别人同样也没有这些义务。我们应该做的是诚挚地、灵巧地遵守规律与法则，坦率表达，合理置换，衷心感谢，不侵扰他人，也不贪求额外的便宜。如果你这样做了，你就不会失衡、失落或失望。如果每个人都这样做了，每个人都能得到最适当的报偿。

知道了这些，自私的人们就轻松多了。生命像微薄的赌本，实在不够抛掷在漫无边际的“所有人”的世界。在这个世界，人和人本来是没有任何关系的，而我们人为地制造了诸多扰攘。现在，可以安静点了。

05 再“科学”一点儿

自私，像这世上一切真实、深刻、坦诚的事儿一样，
比虚假、虚浮、虚伪的那些难得多。

“讨厌”动力学

豌豆讨厌性感的小三；

萱爷讨厌“送饭党”；

盖濮讨厌爱抱怨的师傅；

小尤说不上讨厌拐走前夫的女客户，还是更讨厌前夫，或者，也讨厌玩牛津书的柏太；

柏太坚持不讨厌安娜，但讨厌不自量力、素质不高、口音土气、异想天开的女孩；

孔雀讨厌“霸权主义”的婆婆；

宜讨厌老美人儿；

我有时讨厌宜，有时讨厌老美人儿。

……

豌豆在看 AV；

萱爷请“送饭党”吃了饭；

盖濮有了自己的蛋糕店；

小尤假装自己也在虚伪的“上流美”阶层，女客户、前夫、柏太都在那里；

柏太严厉对待年轻的演员，可她生日时，他们送她一首歌，改编自方大同《特别的人》：“懂一个人也许要忍耐，今后的岁月，你带我们一起了解”，95后的“敏羽”弹琴，其他人和声，柏太听着听着，哭了；

孔雀在越来越亲密的老公面前，慢慢流露出霸气；

宜渐渐老了；

有人说，我长得有点像老美人儿。

……

你看出了什么？

没错，女人喜欢说“讨厌”，说着说着，它不知怎么就成了人生的动力，推动我们顺利、高效地变成了我们讨厌的人。

真讨厌。

前面四个篇章讲了一大堆道理之后，希望你已经是个理直气壮的自私的人，或者至少决定要做一个。如果能成功，你会很轻松。不过，你知道，轻松的生活往往有着很高的技术含量，如果掌握不了，搞得不伦不类，你就不是自私而是自作自受了。

所以，我们来说点技术层面的事儿。

就从“讨厌”开始——“讨厌”动力学。它包含三件事：你不知道的want、看不见的法宝、意想不到的接纳。也许你会惊喜地发现，在“讨厌”这个女人使用率最高的口头禅中，藏着什么样的秘密。

你不承认的want

每个人，都想成为自己讨厌的人。

这是第一个秘密。

在说到小宇宙的核心“自我”的时候，我们提出了三个“哲学永流传”的问题：“我是谁、要什么、怎么做”，其中的“要什么”就是want。这个词在词典里的翻译是这样：

vt. 需要；想；希望；应该；缺少

n. 需要；欲望；缺乏；贫困；必需品

vi. 需要；缺少；想要

你看，以上含义在暗示什么？“需要”很大程度上是与“缺乏”关联的，所谓“缺什么想什么”；而“想，要”构成“欲望”，也就是我们一生中常常纠缠的东西。张爱玲解说红楼梦的时候，提到过美国学者把宝玉的“玉”等同于“欲”，对应的单词也是这个 want，它能串一个千回百转的故事，也能驱动你的人生。

那和“讨厌”有什么关系？

当然有。你的“讨厌”里，有你最直接的 want。

打个比方。你很饿，心想有块蛋糕就好了。真的有块蛋糕，可是你发现它正被别人吃掉。那个吃蛋糕的人，不但阻碍了你满足欲望，还在围绕蛋糕展开的竞争中超越了你，形成了他 / 她的优势，未来可能会吃掉更多蛋糕——你讨厌他 / 她。

蛋糕，代表资源，是你缺少或想要的。

吃掉蛋糕的人，代表某种能力与素质，也是你缺少或想要的。

就是因为一个人拥有你缺少或想要的资源、能力、素质，你才会讨厌他 / 她。

不承认？

当然不能承认。这岂不是说我还比不上那个讨厌的人？

你就是比不上。

像豌豆和小三比，尽管职位收入、社交人脉、名媛声望、社会阶层完胜，性感就是比不上；

像萱爷和“送饭党”比，尽管事业上升她最快，家门口的便利和瞎起劲的热情就是比不上；

像盖濮和师傅比，尽管年轻、性格好、手艺也逐渐高出一筹，资历和客源就是比不上。

小尤和狼狈为奸的前夫与女客户比，生活水准比不上，与柏太比，连所谓文化也比不上；

柏太和安娜比，她坚持不可能比，但成长的无限可能比不上；

孔雀和婆婆比，大房子和女王范儿都比不上。

老美人儿一辈子坐享其成的赖皮劲儿，宜比不上；

宜贤惠能干、牺牲奉献、人人称道的劲儿，我比不上；

老美人儿的美貌……谁也比不上。

还是承认了吧。如果一个人不具备你缺少的、需要的，就根本不会引起你的注意，更不会惹出“讨厌”这种具有相当强度的情绪。那些热衷于表现宽容、大气、爱是不妒忌的女人，不过是没被真正刺激到而已，一旦被刺激到，她们会涌现出更强烈的恶意的智慧——“绿茶婊”之类的恶毒骂名，不就是这种女人发明的吗？

我们花费了太多时间在讨厌的人身上，观察、琢磨、搜集斑斑劣迹，黑之而后快。却没想到更聪明的方案：want 什么，就拿过来呗！在不影响你本质的前提下，多一种武装有何不可？哪怕最恶劣的能力与素质，在某些时候也能成为你的傍身技——我就不反对卖弄风情、插队抢票、肉搏骂脏话——必要的时候。

所以，你得感谢你讨厌的人，他们帮你发现了你不承认的want，然后又给了你学习的机会。记得我们在谈到“给自己的自私之爱”时说到的吗：“在每个阶段，找一个足以刺激你、启发你提升的人，当你的老师、盟友、情人或敌人。”讨厌的人姑且可算敌人，刚好是刺激和启发力最强的。现在，就边骂边学起来吧。蛋糕，是我们的。

看不见的法宝

学起来？要跟在讨厌的人后面西施效东施吗？好恶心啊！

当然不。我要说的方法……更恶心。

请你试着想象，自己变成了那个人，你讨厌的人。

请想象你就是那个人，进入场景：清光闪耀的银质餐具之间，豌豆抬起润白温热的无名指，轻轻按住老公戴着婚戒的无名指，睫毛一闪，似笑非笑的眼神一荡，老公欲言又止地呆住了；一扇扇门在眼前打开，孔雀摆出洒脱手势，轻描淡写地说着这房子惊人的价格与品质，以及自己如何合理投资兼省吃俭用攒够一次性付款，跟在身后的亲友团眼神复杂、满口称赞，不合脚的拖鞋啪嗒啪嗒移动；计算器按出连续不断的滴滴声，打蛋器在一旁噪鸣，盖濮反手捶捶僵硬臃肿的腰肢，说：“房租又涨？还好就快情人节。网店订出去的巧克力礼盒还没弄完吗？”

觉得怎么样？

“变成某个人”，是一种心理代入，也是最高效的学习方法。你看不懂的人、想不明白的事，只要放下身段、全心全意“进去”一次，就会了解。而你缺少的、需要的能力与素质，也会在角色代入中，自然而然地转移到你的身上。

这是来自法国医生、心理学家埃米尔·库埃的概念——自我暗示（Autosuggestion）。埃米尔·库埃应该是第一个正式总结自我暗示概念的人，他阐述道：人们通过主观想象某种特殊的人与事物的存在来进行自我刺激，达到改变行为和主观经验的目的，就叫自我暗示。自我暗示是人的心理活动中意识思想的发生部分与潜意识的行动部分之间的沟通媒介，是一种启示、提醒和指令。它会告诉你注意什么、追求什么、致力于什么和怎样行动，从而支配、影响你的行为。它是每个人都拥有的一个“看不见的法宝”。

你对你讨厌的人的想象代入，就是自我暗示。“讨厌”为你提供了现成的范本，令你轻而易举地进入另一个人的世界，去寻找你要的东西，真是彪悍的“法宝”啊。但是，使用它的时候你也要小心，因为你的目的是获得某种能力或素质，而不是把自己变成一个讨厌的复制品。万一在代入的角色与场景中迷了路，再也回不到你的自我，那可是得不偿失。所以，你得用正确的方式去让“法宝”生效。所以，请务必留意以下这些：

（1）利用你代入的角色，转换观察的角度，将结果与你之前的观察所得结合，给事情一个更客观的解释。比如蛋糕本来放在何处，为何有机会下手？对于吃蛋糕这事儿，究竟哪种能力与素质最为有用？蛋糕本来是谁的？更适合谁？

（2）围绕你代入的角色，掌握更多信息。比如各自成长背景如何？某种能力与素质如何获得？它们通常如何起效？还曾应用在何时何处？

（3）让你代入的角色与你自己对话。你们的本质是否矛盾？素质与能力能否融合？以何种方式融合最为合理高效？

做过这些之后，我想，你要的已经得到了。但之后更长的时间，记得把你得到的东西去芜存菁，并且结合你的优势，时常来个版本升级，让它不断变得更强大。它已经不属于你讨厌的人了，它是你的。

意想不到的接纳

“变成你讨厌的人”的想象代入，其实是一种心理锻炼。基本上，你能代入你讨厌的人，去体察他/她、学习他/她，也就能代入其他任何人。而在这种方式独特的体验中，除了能力与素质的转移，你还可以培养出更好的洞察力与同理心，从而在人际关系中作出更高水准的表现。

我挺欣赏一个香港艺人——梁家辉。他跌宕起伏而自己全不当回事儿的人生经历，在这里不便详述（不然真成了八卦读本），但我记得他在一个访谈中说过一句话：“我进过一百多个故事，有好故事也有烂故事……”这就是一百多次想象代入的过程。所以很多演员，或许出身不高、学识不丰，却活出智慧境界，因为他们体验过不同的人生，知道各种难以接受的人与事背后，另有悲喜短长，也就更宽容、更愿意去相信更多可能性的存在，也容许它们存在。这样的状态，在心理学中叫做接纳。我们就算没有那么多出镜机会，拜“讨厌”所赐，却也能完成这样的锻炼，这不是意外的收获吗？如果最后，满嘴满心“讨厌”的我们，接纳了自己讨厌的人，接纳了更多人，那时我们会发现，整个世界，也用一种意想不到的方式，接纳了我们。

对我来说，好像这才是最有价值的部分。

“四只箱子”搞定“一万件事”

“轻松一点？臣妾做不到啊！”女人在聚会里说、在沙龙课上说。

“为什么？”

“每天都有一万件事啊，我不干谁干？”

甜蜜也说过这话。她的老公百思不解，到底是些什么事非干不可，每天苦苦干足20小时，好像是为了家人，可是完全没空理睬家人，没空聊天、没空微笑、没空做爱，没空好好相处，到底都干了些什么？

女人们喊冤不止。

好，别喊了，把你每天忙的一万件事儿、那些大大小小的麻烦写下来吧，我们一起看看怎么处理。我给女人们发了足够的便利贴，一件事一页纸，等她们写，以为写一万件事至少需要3小时，谁知3分钟不到，就有人交卷。

只见她赫然写道：工作、生活。唉，让女人们归纳总结的时候，她们不喜欢那样做，可一旦让她们列举详细事项，她们却发挥出强大的归纳总结能力。

“嗯，”我说，“这两个词还可以合并成一个：‘活着’。”

你呢，你写了多少？仔细回想你从早到晚的24小时，不厌其烦地写、事无巨细地写，至少写到前面“甜蜜的一天”那种程度（如果不记得了，请翻回第017页）。一件事一页纸，尽量别漏下什么，反正写一遍不会比干一遍更辛苦。写好之后，我会给你“四只箱子”，把这些麻烦事分类打包，你就会知道，该如何对待它们才好。

第一只箱子：创造型

好，从现在开始，你可以一边了解每只箱子的型号，一边把写着同样型号麻烦事的纸扔到里面去了。第一只箱子，是创造型。

还记得前面说过的人生应该追求的目标吗？创造与体验。创造，显然是最重要的事。别把它想得太大太空，不是非得达到“发明”的级别，或具有“创意”才叫创造，只要符合以下三条标准之一，就是创造型的事：

1. 产生了新的成果（之前没有的东西，现在有了，不管是什么）。

2. 对事物发展进程产生了实质性的推进。

3. 使你的自我得到了提升（任何形式、任何程度）。

看看你扔了哪些事情进来：赚钱？这当然是，别管多少，你创造了经济成果，了不起的女人。生孩子？是的，你创造了一个（多个）生命！组建了一家新公司？那还用说，女王万岁。做饭？是的，你不但让一道菜、一碗面、一只茶叶蛋从无到有摆上了餐桌，还创造了一段享受的时光，创造了一个可供你的盟友或子女对外炫耀的品牌——长今思密达，多么骄傲啊！

一个女人，创造型的事情做得越多，存在感就越强，在生活中也会占据更主动的位置。你创造的成果也许显性隐性皆有，那没关系，它们的作用总会显现，为你带来更高品质的生活、更出色与更自信的自我。所以，这是我们在繁杂的事务中，最应该关注与致力的部分。俗话说“好钢用在刀刃上”，这就是你的“刀刃”。

如果目前的你并没有太多创造型的事情可做，你得去开发一些。如果你没把最好的时间与心力用在这上面，你得调整一下。不然，等到未来某天，盘点人生业绩的时候，你会觉得茫然。另外，要提醒女人们的是：一个人所具有的创造力，包括判别创造型事务、寻找创造点、实现创造过程中各种需要，是衡量其能力的重要指标。成为一个敢于创造、并善于创造的女人，是你应该尝试的、最重要的自我成长。

第二只箱子：维护型

很多女人比我聪明，即使不分享“四只箱子”，她们也早就在挑创造性的事做，比如一样为家务劳碌，人家就做饭，做成长今思密达，而我却喜欢清洁，和死去的甜蜜一样。

若说我真有某种特长，我想就是这个——清洁，一个形容词成为动词，有奇妙韵味。第一个字要用极其强大的条理和爱舍弃的性格来实现，第二个字则需要不厌其烦。日复一日，捡拾大小人等丢满房间的玩具杂物、给书籍纸册重新排队、擦拭家具上几不可见的落尘、细细消除油烟水垢、分类丢弃各色垃圾……作为清洁的一部分，我还很会洗衣服，季候内外，深浅质地，仔细分别，不同部位，各有手法，务必一遍遍抵达清凉，逐条缝线指间过滤，幼小褶皱一一抚平，看衣服们干干净净的，又旧了一点。以上这些，我称为“清洁禅”。

嘿，飘远了。再美妙的禅意，也改变不了这些事的性质，清洁功夫做到极致，也不过维持正常，而且有人会说，那只是你自己要的秩序。对，自己的秩序，别人未必需要，甚至还会觉得不适，甜蜜的老公就这么认为。可是如果不做，也许他会更不适，因为屋子很快会插不下脚去、皱巴巴的衣服到处散落、吃脏的碗碟堆积如山、到处散发腐败气味……那时候人又会说："这日子没法过了，这是个什么女人！"

喏，这就叫，维护型。这一型的事，干了，并无成果，不干，秩序乱套。不只是家务，工作、社交中也是同理，为了不让局面变坏或进程停滞，我们总得付出心思与劳力。这一型的事非做不可，甚至有时比创造型还不可或缺。而女人最大的委屈也产生于此：忙死、累死，没人看见。

别委屈了，就算既辛苦又非干不可，干得巧妙一点不就是了。因为维护型的事，基本都有固定的标准和成熟的方法，做起来也不是"非你不可"。所以，我们可以借用管理学中的概念：授权。也就是"让别人做"。当然，也不是随随便便哪个别人都可以，为适当的事选择适当的人，让适当的人把事做出适当的结果，这是门大学问。记得甜蜜总在呵斥她的助理吗？她还赶走过两个月嫂。记得她不让老妈替她洗衣服吗？不是心疼老妈，而是因为老妈洗得不对，把真丝衬衣染了色。这恰好反映了她没有做到的、授权需要的三个关键：

第一，接纳。选人很难，100% 理想的人是没有的，你可以不断寻找，但一旦选定某人，哪怕是暂时的，也应该最大限度地

接纳他 / 她，用开放的态度与之合作，才能取得最好的效果。

第二，训练。类似真丝衬衣怎么洗之类，并不是什么了不得的技术屏障，告知方法就是。其他更高级的事务，也无非是明确时间、质量标准与责任边界。可能在这方面你会花费时间与精力，但这是为了帮你节省更多时间精力，所以，请耐心。

第三，放权。授权就要放权，让别人去做，你可以监督检查或提供建议，但是一定不要再插手操作，不然，你怎么才能脱得了身呢？

你看，我说得这么科学，你该知道怎么做了。可惜，我自己却做不到。我至今仍接受不了别人打扫我的家及触碰我衣服私物。那就活该了，活该住不了3000平方米大屋，活该不能多睡两小时的觉，活该创造与体验的，不如自以为的多。

第三只箱子：体验型

为什么体验也是人生的目标之一呢？它又不像创造型的事那样产生成果、提升自我、推动人类进步。如果时间精力有限，放弃这些不切实际的事、多创造些现实利益不是更好吗？嗯，也许。看看你舍不舍得放弃这些事：

品尝美食（不以饱腹为目的）

读书

旅行

看风景

听音乐

看电影

做手工

唱歌

散步

发呆 & 白日梦

恋爱

做爱（不以生育为目的）

陪伴子女

陪伴父母

豢养宠物

一些愉快的聊天、一些健康的八卦

某种形式的修行

各种形式的学习

欣赏一切值得欣赏的

被别人欣赏

……

你会放弃吗？

这就是体验型的事，或者还应该明确是“主动体验”，是你自己选择去做而非被生活强加的。它看似没有创造出切实可见的成果，但却是你自我提升的重要方式，有时甚至比创造更重要（创造更倾向于表现，而体验更倾向内在的充实）。那些积极、正面的体验，会为你带来好的感受，为你补充知识与信息，开阔你的眼界与心胸，丰富你的情感。而那些消极、负面的体验，一样会增长你的见识，强化你的应对机制与整体素质。一个人体验得越多，就会越具有创造性，越耐心宽容，越相信人生的无限可能。我们常常不自觉地被这样的人所吸引，就是因为诸多体验在他/她身上汇集而成的丰盛的魅力。所以，这一型的事，我们不能放弃。不但如此，我们还应该分配给它更多的时间与心力，因为它像创造型的事一样，非得由你亲力亲为不可（这可真是废话）。

说到这里，又想起了我的“清洁禅”，忽然明白了我不能放弃它的原因，是因为，那是我的体验。擦拭洗涮的每日例课，其实也是心境的梳理归纳。每每地板上起身，手中当作抹布的毛巾厚实柔软湿润，四周弥漫柠檬香气，一切物事条理分明，光洁明亮，这一刻，是心最定、脑最清的时刻。清洁又成为形容词，如莲花盛开。原来，换个角度，不同箱子里的内容，也可以交叉。这才叫体验，不拘形迹，无处不在。

所以我说，可以把你的这只箱子尽量弄大一点。当被现实挤压得厉害、当功利难以放下、浮躁的心不易收拢时，不妨到这只箱子里来歇一歇，看看每件事物的另一种可能，说不定你也会在烦扰中品出般若滋味。去试试吧，体验令你成长，它给你的收益，你会享受到的。

第四只箱子：消耗型

“你怕老吗？”我问女人们。

这是个废话问题。女人们只顾着笑。

“你怎么老的？”再问女人们。

“耗的。”这次有人回答。

嘿，你不是我的托儿吧？答得真好。创造与体验不会令我们变老，只会令我们老得优雅有趣；日日夜夜的维护会用掉我们一些时间与心力，但也算正常消费；而另一些事，则是真正的消耗，把我们“耗老了”，并且老得没什么尊严。

比如？

唠叨。话多伤气，唠叨让你的能量源源不断流失，在你身边筑起气味恶劣的铜墙铁壁，让你的各层关系避之不及。

查岗。八点档、八点半、午夜场。盟友若真有何动作，查出何益？何况根本不会让你查出，白白在盟友的小宇宙中败坏你的形象。

追剧。如果你是在跟绯闻女孩学穿搭、练口语，利用谢耳朵提高情绪指数或在Doctor-X里感受仁心仁术和先进的社会保障制度，那还行。但如果是翻拍穿越、抗战欧巴，看了做什么呢？三五集算你体验，三五十集算你维护，三五百集……还不如学豌豆去看AV。

追人。有时看到女人追某个人、某种人，或陶醉于“被追”，我就想劝她：你还是追剧吧。

自拍。没完没了地自拍，楼梯上拍、车里拍、举着红酒拍、晒着太阳拍、戴着口罩眼镜拍，美图秀秀、微信、微博。你是想学郭美美吗？还是想有图有真相地说明自己是怎么老的？

发微。你发那么多菜干什么？转那么多心灵鸡汤干什么？曝那么多聚会里女人的丑照干什么？点那么多赞干什么？那些全是虚拟宇宙里的垃圾，我们就快被它们埋葬了。

聚会。如果你不累，如果你愉快，如果你结识了有趣的人，如果你获得了某个机会、某些信息，如果你与聚会中人的关系变得更积极，这聚会是极好的。但真的每次都是这样吗？如果不，那聚会就变成了来得太多的大姨妈，麻烦又伤身。

开会。上班开会和聚会一样：产生明确决策是创造，日常通报就是维护，没有结果或开得太多的就是消耗。整个上班这件事也都一样。其中，有些消耗是被动的，比如“老板喊你开会”，但也有些是因为我们能力不足或策略不对而造成，比如“电话求接见”，打一个，人家不理你，再打一个，人家不理你，又打一个，人家还不理你……

抱怨。引发抱怨的事太多了，比如打电话人家不理你。抱怨引发的事也太多了，比如闷气、吐槽、呵斥、迁怒。绵延不绝的负面情绪像雾霾一样蔓延，别人感受到了你满满的恶意，你自己呢？好好感受一下情绪的反作用吧——谁施放雾霾，谁早晚被毒死。

……

类似事项数不胜数，判别标准简明清晰：没创造、没维护、没带来什么好体验的，就是消耗型。消耗型的这只箱子，能不要就好了，奈何我们常把它装得很满。那最好是学习日本人倒垃圾的方式，分门别类把里面的东西倒掉。

这事儿像治理雾霾一样难。你自己造成的消耗，比如唠叨或抱怨，可以试着做个“减排计划”，像年节不放鞭炮，每月少开一天车那种，逐渐减量，尽量向理想状况靠拢。已经变成习惯的那些，比如追剧和发微，可以找些别的习惯代替它们，看书、看风景、按年度北美排行之类看看电影，以及换一批更有价值的关注。至于聚会等等与人际关系相关的，学会说“不”就行。你若老实，就说“不，没时间，没兴趣”；若优雅，就说“谢谢，下次”；若要“装”，就说“哎呀！亲，我的美国往返签证到期了，不去弄一下会好麻烦，等我回来，等我，等我啊，么么哒！”

等你把消耗型的箱子尽量倒空，你就不会老了。么么哒。

你的“四只箱子”整理好了吗？记得随时带着它们，每天的一万件事、未来源源不绝发生的更多事，随时往里装吧。归纳整理是女人的重要基本功，也是让你轻松的最有效方法。等箱子们的功效渐渐显现，一个“积极创造、巧妙维护、充分体验、拒绝消耗”的女人，谁敢说你不是最聪明、最能干、最有魅力的呢？

附：把“甜蜜的一天”装进“四只箱子”

· 创造型

做早饭

做便当

做牌子（安排做牌子）

到客户处提案（假设提案通过推动项目进程）

开会（假设讨论产生结果）

写报告（假设报告有创造性内容）

·维护型

洗被褥

拖老大起床，刷牙洗脸，扎辫子

收拾桌子

洗澡、抓头发、化妆

擦浴室

查收回复邮件、转发工作流、回复留言

找人把车子送修

电话

请团队午餐

吃饭

补妆

汇报

老板召见（假设为例常沟通）

安排加班

与打算辞职的员工谈心

与向老板告状的下属谈心

聚会

买水果慰问加班团队

给老妈钱

卸妆

洗澡

洗衣服

熨衣服

打扫房间

睡觉

· **体验型**

吻别老二

送老大去机器人兴趣班、听老大讲吸血鬼和卟啉症（可惜甜蜜没听）

接老大放学、买笔袋

看新闻

聊微信

抱抱老二

做爱（可惜没做）

· **消耗型**

起床

堵车

抢车位

抢电梯

另一个会（假设讨论没有结果）

另一些电话（假设没有进展，诸如“苦求接见”之类）

呵斥老大

呵斥助理

给健身教练发短信

聚会（假设是过多的聚会）

催老公睡觉

我想，现在谁都知道甜蜜为什么“跑马拉松去了”。

我们已经帮不了她，希望还能帮到自己。

“占便宜”的形象与情绪

最优成本 Pretty Woman

与七个八卦的女主角共处到此时，你会不会怀有一点八卦的好奇：她们中间谁最漂亮？习惯了当公主的豌豆？千杯不醉的萱爷？成熟知性的柏太？深谙时尚秘诀的小尤？会劈一字马的孔雀？甜蜜的甜蜜？还是年轻的盖濮或她年轻的恋人？

都很漂亮。

不然，谁要听她们的故事。

对吧？再跌宕起伏、再狗血励志的剧情，女主角若不漂亮，总觉差了一筹，就算以丑女无敌开头，后面也得变身 Pretty Woman 才行。漂亮，是人们（包括女人自己）衡量女人的第一指标，什么身份、地位、身家、背景、收入、成就、知识、智慧、品格、品位，讨论完漂不漂亮，才轮到那些东西出场。就像我们提到男人时，第一指标总是“有没有钱”一样。

这一点也不恶俗。因为人类社会有约定俗成的分工：男性贡献更多物质生产力，女性则负责生活的品质感，两性择优组合，以保障基因的繁衍存续和不断优化。自从有了货币，生产力的高低就通过钱来体现，而高品质的生活，似乎与漂亮是交互产生的，漂亮同时又是它的标志。所以漂亮和有钱一样，是社会的角色期待，不是哪个人可以改变，只有“符合期待”才是最省劲的办法。管你深刻或肤浅，根植在本性中的、最直接的视觉吸引，永远没道理可讲。人类进化来进化去，女人始终只有两种，Pretty Woman 是第一种，第二种没人管她们叫什么，这就是残酷而真实的“漂亮者生存”。

可惜，了解这一点并坦然接受的女人不多。漂亮的，往往不承认她们的人生业绩与漂亮有关，有的还反过来怨叹红颜薄命；不漂亮的，认为可以用其他东西弥补，绕来绕去较劲半世，其实还不是在过“不漂亮”这道心底的坎；必得等到大家都老了的一天，觉得老天总算渐渐公平，才各自尘埃落定。

干嘛这么虚伪？与其花时间与定律、规则甚至基因争执，还不如好好符合角色期待。去做个真正的 Pretty Woman，不就行了？“占便宜”的形象，谁都有机会。

女人们误会了这“机会”的意思，胡乱投入起来。

我认识的一个人于是生意大好。那人是本地最早开办美容整形医院的，体貌倜傥，像活生生的术后效果展示。他不提手术药物而爱谈“美学”、“大雅”，深得众名媛贵妇青睐。近二十年来，她们无怨无悔奉上金钱，帮他不断引进韩国设备、专家、技术，把他捧上“国际论坛”，为他凑足拍下稀世古琴或名家书画的钱，也让他顺利建成所谓高尚会所，成为本地社交圈第一装逼犯。她们付出高昂成本，孜孜以求的，无非是漂亮一点点，可这一点点是否起效，很难说。不然你猜女人们干嘛每周泡在那会所？因为她们可看的异性，就那一个。

真不划算。

那，不动刀、不打肉毒素呢？豌豆年底晒花费，在英国短短几周，说是没空 shopping，烧掉的钱也够盖濮在好地段开间新蛋糕店。买了什么？衣服、鞋子、首饰、丝巾、包。豌豆常同时身穿三个以上一线品牌——红绿条压着暗格纹加一朵山茶花。二本工科院校的前校花，可没学过“违和感”这种词儿。聚会里其他女人也常常如此（反倒是穿原单的小尤还在行些），像前面提到一身 Hermès 橘的，至今还把牌子念成“赫尔墨斯”，觉得那标志性的艳丽色彩正配她奶茶色的脸。这样慷慨堆砌，叫人看了忍不住帮她们从头到脚算账，算得扼腕叹息。这么一来，站在面前的不是一个女人而是一堆白烧成灰的钱，什么吸引啊，欣赏啊，从何谈起？

更不划算。

当然，谁也不能干涉别人的自由。只不过，花钱花工夫是一回事，漂亮是另一回事，没当上 Pretty Woman 而当上冤大头，就太不自私、太不聪明了。想“漂亮者生存”，明明有性价比更高的方式，干嘛不用呢？

让我们再次回到万能的自私小宇宙（那张简单直白的圈圈图，你真的应该记住它），看看一个真正的 Pretty Woman 会怎么做：

在小宇宙的第一层，自我层面，自己舒服就是漂亮；

第二层，性关系层面，实现性的吸引就是漂亮；

第三、第四层，亲缘关系和资源关系层面，得体就是漂亮。

你看，真正的 Pretty Woman 是进退有度，层次分明的。不要试图修炼什么天地通杀的美，除非你是从星星上来的女人，因为标准从来都莫衷一是，你没法今天锥子脸、明天小方脸那么尽情地削来捏去，也不该受 Jolin 高唱的“爱漂亮没有终点”误导，自我判处无期徒刑。只有在每个层面，用最优成本，实现最大效果，才叫聪明。

我们先来说第一层的“自己舒服”。漂亮不难，漂亮得舒服就难了。按他人的标准塑造自己时，塑造出一个与内在不一致的美女，一定是不舒服的。真正的 Pretty Woman 存在于每个女人内心，找到一种舒服的漂亮方式，其实也是一个自我发现的过程。我是优雅的吗？我是火辣的吗？我是温婉的、豪迈的、卖萌的、不羁的吗？我值得欣赏的是哪里？我会被什么激发？找到属于你的状态，再去表现它，就很舒服，像我们前面说过的，内外一致最轻松。

再说“性的吸引”。如果你的吸引对象是男性，同时你又浓妆艳抹、品牌琳琅、热衷减肥和各种秀与晒，那你的钱和时间多半是白花了。基本上，女人的打扮全是给女人看的，而男人，大部分对服饰珠宝既外行也不感兴趣，除了和你携手出席某些考核品位资格的场合外，你穿戴什么对他来说并不重要（而且到了那种时候，就不是性吸引的问题了）。同时，绝非少数男人在调查中表示，干净光滑、会因为抚摸而轻微战栗、泛出绯红的皮肤，比什么都好，如果没有，他们宁可亲吻雀斑也不愿亲吻粉底霜。至于睫毛膏与水晶甲，男人们承认它们的道具效果，一开始时，确可引发女优幻想，但很快就会沦为鸡肋。至于减肥，胖瘦本来就不是什么标准——“男人喜欢看得出手感的女人”，某男神这样说。而另一位男神说：“比起在烛光中端着红酒摆姿势，还是咕咚咕咚把水咽下喉头的声音更诱惑。”喏，很多女人到死也搞不明白“性感”是怎么回事，以为非得豹纹钢管加深深乳沟不可，不然就靠一身昂贵行头凸显价值，但其实那只是性的表演，或符号化而已。真正的性是件最朴素的事，越自然，越吸引，相反，越多附丽、越多做作，也就越没意思。还有很重要的一点，性的享受中相当大的部分是私密感，一个没完没了发布信息展示互动的女人，无论秀的是性感还是恩爱，晒的是聚会还是礼物，在男人的感受中，永远是“别人”或“别人的”，别指望建立什么紧密联结。知道了这些，你还会那么白费劲地折腾自己吗？

最后说“得体”。某次课程中一个女人提问：“怎么才能时刻出众？”我问她干嘛要那样，她也没说出个所以然，大概以为只有时时处处夺人眼球才算美女吧！可是聪明的 Pretty Woman 从不干那种费力不讨好的事儿。在亲缘层面，人们期待得到的是放松与安全，有位女神守卫门庭当然不错，但大可不必亮瞎自家人的眼。在这一层，你健康活泼，出手大方最要紧，让人放心的同时自己也可以放松一下。而在资源层面，大家所做的无非是利益交换，若什么事都是你专美于前，还怎么平等交易。所以，懂一点 TOP（时间 / 场合 / 地点）法则，形象举止既尊重对方、又尊重规则就好。别担心不够抢镜，须知别人、每个人，只有觉得自己是天下第一时，才会去赞美排第二的那个。谦和得体的你，会成为众口交誉的漂亮女人。

好了，为了让女人们轻松一点，总要不轻松地说一大堆理念。清楚吗？或许仍有人不愿耐心梳理这些，更想学习实用技术。当然做个 Pretty Woman 是有技术性的，我们也可以分享一些，虽然这实在太像我所鄙视的微信教母，但确实各种难办的事儿，都可以总结出十条八条办法，比如：

（1）想清楚“做哪一种 Pretty Woman”。对，一种，只有一种。一种色调、一种轮廓、一种香氛、一种说话节奏、一种举止风情。围绕这一种调调挑选有牌子或没牌子的东西，你会发现花掉的钱数和购物次数都缩减了很多。如果你不需要省钱省时间，那么同样的投入之下，你会比以前漂亮很多。不管流行什么，你都有你的一套，是永不过气的模范美人。形象设计中有个概念叫“形象锚”，说的就是这回事。不懂的话，看看奥黛丽·赫本。

（2）不甘心？想做百变女郎？那也得先让人知道你不变的主调，才能发现变化的新鲜。若你一直在变，人家只会一直混乱。毕竟你是想当 Pretty Woman 而不是孙悟空吧？

（3）持续去 LOGO 化。不要让别人先看到你身上的牌子再看到你，你又不是个塑胶人台，你又没收广告费，还是为自己代言要紧。

（4）持续用减法。不要让别人看过 10 个颜色、9 个材质、8 个层次才看到你，没人有那样的耐心。

（5）培养一个真正 Pretty Woman 的做派。打针只要几分钟，化妆只要几十分钟，整形只要几小时，恢复也不过几周或几月，而养成做派需要多久，可不好说。那种做派是怎么回事儿呢？就是看起来，好像你已经漂亮了一辈子，祖宗八代都漂亮，对漂亮完全习惯，对任何审视、赞美、特权或嫉妒、无视、冷遇，都从容坦然，你漂亮你的，就是了。

（6）少看自己，少谈自己，多看别人，赞美别人。

（7）少说话，勿扰攘。须知聒噪足以消除一切漂亮。

（8）保持健康。

（9）与更多 Pretty Women 为伍。

（10）接受“漂亮者生存”这一无法改变的事实，接受与之相关的不公，不要因为不够漂亮、不够幸运而负气，那会更糟的。

差不多就是这样，一切以高性价比为原则。既然可以“爱得聪明一点”，当然也可以“漂亮得划算一点”。用更好的方法变成一个真正的 Pretty Woman，是自私女人自我建设的重要一步，祝愿每个人，都能走上进化链条的顶端。

没什么值得不微笑

我说有时讨厌宜，真是大逆不道。可现实就是这样，我们常常讨厌最亲、最爱的人，因为安全感令人毫无顾忌，以为表现再差，反正也不会改变关系。所以，我从小见识女人的各种情绪问题（自己也有很多），长大后和心理学中的“不合理信念”一一对应，还真是特征鲜明：“绝对化”、“以偏概全”、“糟糕至极”，无一漏网，各种呈现。

所谓“绝对化”就是：爱和不爱、好和不好、有关系和没关系……黑白分明，阶级对立。

所谓“以偏概全”就是：一句话说得不对，就是这个人不好；一次感受很糟，就是这个婚姻要完蛋、人生要完蛋。

而所谓“糟糕至极”就是：“完了完了，全完了！”

最后这句话，宜就常挂在嘴上，若当成卖萌倒也挺可爱，可惜她真心是一脸完了的表情。我也没法像上一本书里那样对她一本正经地讲解“理论上，‘至极’的事儿是不存在的，因为一定还有更糟糕的……”

别的女人也有这种时候吧？“我为什么要这样，你又怎么能这样”，“贱人还不去死”，“烦死了”，“累死了”，“没希望”，“不管我死活”，“根本不爱我”，等等等等。女人们多少有点迷恋戏剧化，一旦入戏，脸色或喜或怒或嗔，嗓音尖锐急促或哽咽嘶哑，一时泪水涟涟，一时又眉眼倒挂、气鼓鼓僵坐。这些情绪与举止，开始是图个热闹，后来成了惯性，女人自己说不定还挺享受，可别人看着，差不多会评价为歇斯底里——这评价若说出来可不得了，准引发又一波情绪冲突的高潮。

这可不好。这样的表现既无助于创造，也弄坏了体验，无论对小宇宙的哪一层关系，都没有好处。你若真是个自私的女人、高性价比的 Pretty Woman，就不该这么耗费时间精力、损害身心愉快。为何不微笑呢？美丽的微笑会让你从繁杂的人与事中解脱出来（不过，也许你愿意在里面充满戏剧化地待着），让你更容易和世界沟通，帮你“占便宜”。

“还笑？笑什么笑？笑不出来。”宜和女人们一脸烦躁。而甜蜜的老公说“已经不记得她笑的样子”，甜甜也茫然摇头。那我们来看看，有什么值得你不微笑。

不微笑原因一：悲情女主角更过瘾。

说你“戏剧化”或“享受”，你可能不承认。但心理学家们研究发现，某些时候，负面情绪确实会变成人们的“舒适区”。除了发泄带来的轻松感之外，女人哭泣控诉或愤然唠叨的内容，往往都在凸显自己的“高地”（前面提过的道德高地、完美高地等）优势，这种刻意的强化，导致自我虚假膨胀，获得高于现实的体验，也是一件挺过瘾的事儿。

我并不主张完全“弃演”，对天生爱戏剧的女人来说，那是不可能的。但我得提醒悲情女主角们，人的心理中有一种叫作“刺激阈限”的东西，类似我们通常说的“笑点”、“泪点”，它是随着接受刺激的频度、强度不断变化的。接受同样的刺激多了，“点”会逐渐拉高，直至没有感觉，再要找到感觉，就得用更狠的招数，而刺激越强，“点”也越高。早晚你会发现你的观众练就了不悲不喜的金刚不坏之身，徒留你精疲力竭。这是定律，老演一个戏码，观众一定会烦。“一哭二闹三上吊”步步递进，总有技穷的时候。为那时想想，还是省省吧，微笑吧。

不微笑原因二：微笑没用。

说的也是，既然“点”会不断拉高，微笑多了人家当然也会无感。但微笑的用处，不是直接解决什么问题（你若笑得倾国倾城也可以），而是缓冲，既给别人，也给自己。一句悲情台词就要脱口而出的时候，自己觉得没劲、沮丧、失望或者绝望的时候，对某人某事不知如何应对的时候，先微笑好了。哪怕是装出来的，这个微笑也为你赢得了时间，令你气息略为和缓，即使不打算改变策略，至少声音不至于那么刺耳，表情不至于那么狰狞，别人也不会立即启动“防御模式”，将你瞬间拒之千里（“哭闹上吊”的时候人家会启动的）。

除了缓冲，微笑的另一个用处，是挽救和提升你的形象。女人永远不会知道自己表达恶劣情绪直至失态时，会有多么难看，足以让你最亲密的盟友对你失去兴趣，让其他人避而远之；也不会知道自己在没话找话、滔滔不绝的时候，会显得多么愚蠢，蠢到让身边的人不好意思。其实，一个简单的微笑就够了。“微笑不语”是所有 Pretty Women 的共同特征，这样的微笑里隐藏着无限可能，而女人神秘的时候，总是性感的。

不微笑原因三：难受。

我知道你难受，也许是因为负面情绪，也许是切实的身体原因。但是除了微笑，没什么能帮你改善感受。因为行为对情绪的反向暗示作用，当我们表现一腔悲愤委屈时，就会有更多悲愤委屈会源源不断涌入内心，悲剧女主角们越演越投入，最后是真的伤心了。而微笑，哪怕强颜欢笑，也会带给自己积极的暗示，告诉你一切其实没那么糟。笑着笑着，就会变成真的，你会觉得好过了很多。一度畅销的《正能量》里讲述了大量相关实验，没必要一一复述，不如你自己试试，就会知道。当你真的笑起来，你身边的人也受到感染，下意识地提升情绪，对你的态度也会变得更好。“爱笑的女孩运气不会差”，不就是因为这个吗？

不微笑原因四：他/她不配我笑。

这个……或许吧。不过，懂得自私的女人，小宇宙的层次应该是清晰的。请允许我先问一句：这个人，他/她在你小宇宙的第几层呢？

如果他/她是你的盟友，你们之间以性联结，那你要表达的无非是继续这种联结或终止它。如果要继续，当然你是期望关系有所改善，变得更亲密、更和谐，这样美好的期望，为什么不用微笑去实现呢？如果你是要终止这段关系，他 / 她真的已经“不配”你笑，那其他情绪也就不必表达，何必对一个“没关系”的人费时费力呢？

如果他 / 她在你的亲缘层面，就是那种无论好坏也改变不了的关系，那……也没什么配不配了。

如果他 / 她既不是你的盟友也不是你的亲人，你也要重新辨别一下，有没有因为“绝对化”、“以偏概全”、“糟糕至极”而给了这个人错误的判决。心理咨询中有一些“具体化”技术，对这事儿很有帮助。比如替换主语，把“他”、“她”换成具体、准确的行为或事件表述，不是“他是人渣”而是“他的这些行为不好”，不是“她针对我”而是“她对这件事的理解和我不同”。这样一来，也许你会发现，“不配”的人没那么多。而且，即使维持原判，那人真的配不上你善意的笑，那用微笑表达厌恶、鄙夷、不屑、嫌弃、距离感，不也很好吗？

不微笑原因五：没有爱。

这是最可怕的原因。早晚我要写本书专题讨论这个问题：你为什么要求别人爱你？请问，你为什么要求别人爱你？这个问题若能想清楚，女人们大概就永无烦恼了。

天生该爱你到死的人，是你自己；

你的盟友，吸引在，爱就在，契约在，爱就在；

你的亲人，那份爱是永恒的，却也是必须脱离的；

至于外部的种种关系，大家公平交易，获得需要的资源与利益就够了，碰巧遇到爱，是额外奖品，没遇到，也不是谁欠谁。

这些，你搞明白了吗？

如果明白，就不要整天想着爱不爱的，把每件事上升到这个高度。只有可爱的人才会得到爱，上纲上线、钻牛角尖都是不可爱的，抱怨、唠叨、尖叫、哭泣也是。与其这样执拗，还不如笑一笑，为感受到的每一点爱真心致谢，也提高自己被爱光顾的几率。就算你努力之后，世界仍令你失望，至少还有你自己爱自己，那就更不能用恶劣的情绪毒化自己了。你说呢？

好了，还有没有别的原因让你不微笑？可以继续找。也许找到最后你自己就会一笑了之，没什么大不了的。所谓的正负能量往复循环，唯有温暖、喜悦、宽容，才能吸引更多美好。微笑只是个象征，我想说的是，会安抚、管理自己的情绪，才是强大的女人。自私的、聪明的你，不能连这也不会。心平气和地微笑吧，春风再美也比不过你的笑，女人。

你一开口，他就懂了

萱爷想和老公聊聊，老公沉浸在一个人的午夜场。

萱爷（洗澡，喷香水，穿上吊带睡裙坐在老公身后）：什么片子，好看吗？

老公（盯着电脑屏幕目不转睛）：还行。

萱爷（做娇嗔状）：天天晚上看电影，我就回来这么两天，你还看？

老公（盯着电脑屏幕目不转睛）：那干什么？

萱爷（坚持调情）：跟我就没什么好干的？我还没电影好看吗？

老公（屏幕上剧情紧张）：嗯嗯。

萱爷（气得推了老公一把）：我就那么讨厌吗？一句话都不愿跟我说？我在外面辛辛苦苦，不都是为了这个家吗？结果回家连个说话的都没有。你有什么了不起的啊，对我这个态度！

老公叹口气，喝了口啤酒。

萱爷（忽然跳到老公身前，把笔记本电脑推落老公腿上）：叫你看，看！

老公（骤然吃痛，大叫起来）：神经病啊你！闹腾什么？别找事啊！

萱爷：我找事？我找什么事？是你自己有事吧？对我越来越冷淡，越来越冷淡，你肯定有事！

老公：瞎说什么？没凭没据的。

萱爷：什么……凭据？我说你真有事吧？你说，你说。

老公：说个屁啊！赶快睡觉去！

萱爷：睡个屁！不想和我过了就早说！

老公：你不睡我睡。你爱怎么瞎琢磨，随便你。

萱爷哭了起来。

萱爷想和土豪聊聊，土豪正匆匆忙忙往嘴里扒饭。

萱爷（摆弄着手里的乌木方口嵌银筷，凝视土豪）：你好像忘了件事。

土豪（继续埋头宝蓝镶金精炻器大碗中）：什么事？

萱爷（继续凝视）：很重要的事。你再想想。

土豪（抬起头，又夹了口菜，边嚼边说）：生日刚过啊……

你到年底的指标都完成了，也不用给你冲量了……七夕？国庆？认识二百天？你老太太生日？横不能是你闺女生日吧？想不起来。姑奶奶，要什么你就说吧。

萱爷（凝视转为怒目而视）：你……

土豪（一脸茫然）：不是，你别着急，咱这不说嘛！要什么你说，啊！

萱爷（忍无可忍）：我什么时候跟你要过东西？就你那破海参？你有什么呀你？我是那种女人吗？

土豪（安抚地拍拍萱爷的手）：好好好，你哪种女人也不是，啊！先别说了，快吃，下午我还开会呢。

萱爷（赌气放下筷子）：开会……以前你吃饭的时候，会一直盯着我看，你说和我在一起像时间倒流七十年……开会……

土豪（招手叫服务员签单）：姑奶奶，咱老大的人了，别要小孩脾气，啊！

萱爷想起土豪曾说喜欢她“像个孩子”。

土豪（对服务员微笑）：哦，对了，高新区那个项目下月开盘，我给你留了两套。你先去交个定金签个合同，过两天升了，我帮你卖出去，这行了吧？

萱爷：……

土豪（起身拿包）：走吧，下午真开会。甭管忘什么了，下次一块儿补，啊！

萱爷说土豪忘了的事，其实就是“凝视”。

当我们说什么的时候，我们在说什么？这是男女之间的一个谜（姑且把同性盟友中接近男性角色的也归入男人一类）。女人的金星语，碰上男人的火星文，沟通中似乎充满了误会、曲解、失望，最终造成巨大损耗。自私的女人不愿遭受这种损耗，该怎么办？两性沟通的鸿沟，是否真的无法跨越？

有办法。奉上我十分推崇的一条金科玉律，来自美国语言学家德博拉·坦嫩：

男女沟通产生困扰的关键在于，相信这世上只有一种正确的说话方式，只有一种正确的倾听方式，或者伴侣只有一种正确的相处方式。

德博拉·坦嫩是美国伯克利加州大学的语言学博士，现为乔治大学语言学教授，在语言交际和风格研究领域内颇有盛名。上面这句话摘自她的著作《男女亲密对话》，那是本值得一读的书，还有一本《你误会了我——交谈中的女人和男人》也不错。

不过，大张旗鼓地阅读学习之前，不妨在以上金科玉律指导之下，速成一点沟通秘技，让自私的女人少一点损耗，多一点愉悦。来看看男与女各自偏执秉持的是什么。在说话、倾听、伴侣相处中，拨开一片纷扰杂音，呈现出来的是：男人——“问题模式”；女人——“关系模式”。

两种模式通常按以下套路运转：

男人——认为沟通中如果提到一个问题，就是要解决这个问题。

女人——认为沟通是为了维护关系，谈到什么问题不重要，关系才最重要。

男人——一旦发现问题，总是试图独立解决（奇怪的自尊心使然）。

女人——不管什么问题，只要倾诉一番、共同面对就好（能不能解决不要紧）。

男人——为了解决问题而独自思考，往往很沉默，并且怕打扰。

女人——将男人的沉默视为关系障碍，试图突破障碍，向男人倾诉。

男人——将女人的倾诉视为新问题，试图思考解决，但被女人的倾诉干扰，要求女人“闭嘴”。

女人——将男人要求“闭嘴”视为关系危机，感到深深恐惧，同时认为男人对她缺乏应有的尊重，又十分愤怒，恐惧愤怒交织，更加滔滔不绝地倾诉。

男人——在女人滔滔不绝的倾诉中完全不能思考和感受，干脆采取不闻不问的强硬态度，或说出过激的狠话。

女人——在倾诉中同时完成思考与感受，为自己找到更多理念支持，不断上升高度，声讨男人。

男人——放弃沟通，认为自己没有解决问题，失败而沮丧。

女人——赢得沟通（自以为），认为维护关系全靠自己，委屈而伟大。

男人——得出结论："她真唠叨！"

女人——得出结论："他不爱我！"

唉，这是个死循环。女人们都经历过吧？反正我……经常（不装智慧，大家都是朋友）。死循环的关键，就在于双方坚持自己的模式，总是以自己的模式为基础，去推敲另一个模式中人的话。男人要直捣问题根源，女人却期望自己的感受获得支持，两块铁板不肯相融，结果谁也没得到自己想要的。

萱爷和老公以及土豪的对话，用来印证这个死循环，好像不算太典型。但往深里想想，还是不离其宗。萱爷再"爷"，也是女人，她期待自己拥有的关系是牢固的、安全的、充满柔情蜜意的。如果关系中产生了动摇，即使这动摇来自她自己，她也仍要确认关系中的另一方忠贞不贰——别指望跟女人讲理。

而萱爷的老公和土豪都是男人，各自关注各自的问题。老公问萱爷"那干什么"，告诉他"干"不就行了？或者一个字也不用说，直接推倒。须知男人喜欢自己待着，只是对独立空间的维护，并不是对女人冷落。而萱爷埋怨"一句话也不愿和我说”，也只是因为男人更喜欢“公共性谈话”——用谈话展示才能，确立优势地位，女人喜欢的“私密式谈话”，他们往往并不擅长。但，性的邀请他们是不会拒绝的，如果萱爷真的想感受、确认与老公的关系，“干”比“聊聊”有用得多。而且，也大可不必用绕圈子发问或故弄玄虚作为前戏，男人才不会玩“猜心”游戏。

至于土豪问“要什么”，哈哈，看，男人认可的规则就是这样。每个女人都认为自己要的是情感，每个男人都不知道情感这东西怎么给。“凝视”？倒真有语言学家做过有关的实验，得出的结论是：在谈话中，女性比男性更喜欢凝神注视对方，而男性则专注从对方的语言中寻求信息，他们寻求的信息都与目的直接相关。目的是什么？前面揭露过了：男人只想做爱，顺便恋爱，顺便吃饭、送礼物、帮你卖房子赚钱，顺便凝视。萱爷若把“凝视”当成关系的肯定，实在是本末倒置；而若当成爱……唉，你为什么要求别人爱你？这可不仅仅是个沟通的问题。

那，怎么从死循环里走出来呢？

很简单，改变“模式”，在女人的部分里，加入一些男人的元素，这也许可以作为一个新的语言学实验，试试看：

（1）不要把说话当成游戏，不要怕沉默，不要没话找话。

（2）弄清楚自己到底“要什么”，尽量直接地表达。

（3）真正地倾听。美国专栏作家蒙肯说：“男人通过吹嘘来表达爱，女人则通过倾听来表达爱，而一旦女人的智力长进到某一程度，她就几乎难以找到一个丈夫，因为她倾听的时候，内心必然有嘲讽的声音响动。”如果我们的智力已然开启、无法退化，至少可以做到一点吧：倾听时不带任何期望或成见。因为不管谁更聪明，只要抱着“应该这样，最好那样”的态度去听，沟通总是不会畅通的。

（4）不要对自己或对方轻易下论断。论断常使我们变得狭隘而且狡辩，是沟通中最大的威胁。

（5）不要在沟通中注入太多“感觉”、“想象”和“推理”。

（6）不要提多余的建议，不要说“别人怎样”。

（7）收集他的“经典语录”，尝试使用它们，体会他的思维特质。

（8）发生争执或障碍的时候，用“复盘”的方式，交换角色重演，询问“我听到的”和“你想说的”是否一致，相互解释每句话背后的意义。

（9）专注于他。一个只关注自己的人是无法理解别人的，也没有人能成功地一边“分心”一边假装“兴趣”。要相信他值得你付出这一刻的全部时间、心神，要让他知道“此刻世上没有任何人比你重要”。

如果你真能作出这样的尝试，或许会发现在改善沟通的同时，它也促进了你较为理性那一面的成长。你会渐渐领略沟通的真谛：不是竞争，也不是表演，而是寻求一致。只有当你和他彼此了解、达成共识，沟通才有价值。而你说，他懂，是多么奢侈的乐趣。

秩序投资

孔雀和老公做了个奇妙的决定：租住弟弟、弟妹的新房。因为孔雀老公工作的研究所搬迁，刚好搬到那新房附近，住过去每天可省两小时车程。反正弟妹就要生产，之后一年半载不在婆家就在娘家，一段时间上不了班，收点房租多少贴补奶粉钱。房租商定为每月 3000 元，先付半年。装修还剩点尾巴，无关紧要，用最简易的方式应付一下，请了专业人员来测毒排毒，买几件简单家具，稍事清理即可入住。那房子只有 75 平方米，但孔雀觉得刚刚好。

她现在不怎么淘宝了，因为偶然使用了某个统计功能，被当场吓住。一个笑眯眯的卡通小人发出信息："Hi，Pavo（孔雀的淘宝会员名），你在淘宝花了 531270.91 元。"

之前一直以为，把"大公司"式的家"改组"成"小公司"

是可望不可即的事，谁知明明可以，都怪自己全无算计。孔雀对老公说：“以后你交房租加上给女王进贡，剩下的每月存点，生活费我来。”老公正把给弟弟、弟妹的第一笔房租装进信封，点了点头。

弟弟、弟妹拿到钱，立即交了10000元给孔雀婆婆，说这么久多有叨扰，人情记下了，就当先还上饭费。孔雀弟妹已经开始休产假，小两口这就打算回弟妹娘家住去。孔雀婆婆拿着钱半晌不出声，闷闷地回房去了，到下一顿饭时才出来。她一出来，就张口说了句让弟弟、弟妹大吃一惊的话：“要不，你们在这里坐月子吧？”

盖濮对恋人提出，不再每月领取“首席烘焙师”的工资。她微微涨红了小方脸，看着她头发笔直、眼睛细长的恋人，用开玩笑似的语气坚定地说：“管饭就行。”

恋人有点惊讶却不动声色。之前她跟盖濮说，打算在新进驻的大牌商业广场租个店面，届时“有感情的蛋糕”一定会人气飙升，当然租赁、装修、设备、人手等等，费用也令人咋舌。恋人不再透露更多细节，夜以继日埋头盘算，到处打电话想办法，让盖濮只管专心做蛋糕就好。盖濮忽然伸出灵巧手指，捏住恋人发梢，像摇一只风铃似的轻扯两下：“我的工资算投资。”

“有什么事，不要老是让我等通知，”盖濮接着说，“我们是一起的。”

中国女人在“财商”方面，似乎普遍早熟，但发展水准普遍不高。自小，妈妈们谆谆教导，务必把经济能力作为衡量盟友的第一指标，希望女儿借助婚姻进入另一个财富层次（每个女人心底都有一个庞大的金主幻想，自己没实现就一代代传下去），就算只能勉强嫁给“经济适用男”，也得尽可能攒“私房钱”才行。所以“丈母娘经济”造就了一个时期的楼市繁荣，而孔雀经历过的“经济导向相亲”每天都在发生。女人从小就知道要靠盟友提升经济实力，可又觉得男人靠不住，在不安全感的鞭策下，自己当然也赚些钱，有人像豌豆一样赚得很多，也有人像小尤一样左右支绌。可是这样双管齐下地重视钱，到底多少钱才够？对一个自私的女人来说，钱最大的意义到底是什么？

废话，钱的意义哪个女人不懂？生活品质啊，社会地位啊，自信心啊，晚年保障啊……可是，这里不是理财讲座，也不推销基金、保险、产权式公寓酒店，没必要啰唆那些来勾兑你。我想说的意义，只与自私相关、与你的自私小宇宙相关——钱，可以帮你厘清关系与秩序。因为人类社会的一切关系都是经济关系，如果我喋喋不休提供所谓人生建议而不涉及钱，那才是废话。

钱的多少，不在绝对值，而在运用的方式。运用合理时，它会带给你舒适的空间、清晰的秩序和适当的权力。怎么赚钱我不大在行，但下面这些，我们可以分享一下。

钞票当选票

选票这东西对我国公民而言，差不多只存在于新闻联播里，这点倒和前面说过的女人的幸福生活有点像。不过它的意思，大家多少还是知道，拿来做比喻应该问题不大。选票意味着什么呢？

权力。参与的权力，而当参与的份额够大，就变成推动或推倒的权力。

成熟。只有成年、有足够能力和意识为自己负责的人，才能拿到它。

所以你的钞票，无论多少，都应该用来在你的生活中体现以上两点。

孔雀当初的比喻很好，家像个公司，婆婆投入钞票最多，自然权力最大。其实孔雀在她们那个二线城市电视台，收入并不算低，但结婚快一年，她的钱和婚前一样都花去淘宝，只偶尔买些香皂、水果之类带回“180平米豪装大平层”，限制她权力的不是钱，而是少女般的消费模式。若说老公曾经在关系意识上没有成年，孔雀就是这方面没有。还好，两人依次觉醒，总算有了自己的空间，75 平方米恰是孔雀当初梦想的“小公司”，结构简单，投资清晰，相信秩序也会清晰。

经济规则比其他一切规则都透明公正，投入多少，掌控多少。所以那些期盼“一嫁冲天”的女主角，多少都有点幼稚，早晚也甘苦自知。真正自私的女人，是懂得投入的女人。无论“吸金”能力强弱，你生活的运行中，一定要有你的钱作为支撑。这种支撑是在“台面上”明确的，与你的盟友（或其他共同生活的人）共同规划，明确各方的投入、权力与收益。你的钞票是有限的，你得把它们合理分布在小宇宙的不同层面。想要什么样的生活秩序，就付出什么样的成本，这是一个自私女人关系清晰、秩序健康运转的保障，也是你成为生活真正主人的前提。所以不要以为一味积攒“私房钱”才够精明，“私房钱”能为你提供隐秘的安全感，却无法实现秩序的构建，而没有清晰、健康与秩序，再多隐秘的安全，也只能称为“退路”而已。

1 ∶ 3.5“和谐现金比例”

多少才合适呢？ 1 ∶ 3.5 这个数据，最早来自在欧盟成员国范围内进行的一次女性生存状况调查。调查结果显示：一个家庭

（或固定的生活组合）中，女人与男人收入比值为1∶3.5时，幸福指数最高（原文大概不是“幸福”，类似吧）。不过我也展开了非权威调查，向来访者和圈子里认识的女人询问，发现这个比值果然有其奇妙之处。倒不是说收入，而是，如果两人共同投资一份生活的话，其中现金部分的最好比例，绝非二一添作五，而是这个。

举例说明：一个家庭每月生活支出10000元，女人出资2222元，男人出资7778元。大家都会觉得比较正常和舒适。各人收入若有多余，不妨作为私房钱收起，也可用于应急。如果换过来，也行，但不管怎么换，“1”的那位通常会非常自然将“3.5”那位视为“公开”的一家之主，尊重其在各种事务中的主导权，并无心理障碍，而“3.5”也会认为“1”是组合中的积极元素，愿意相携共进。这种明显倾斜的比例分布，比1∶1的生硬对抗更利于形成融洽关系，而在融洽背后，“1”其实可能拥有另一种主导权，是“隐性”的，力量却未必输于“公开”的一家之主。

这是一种很微妙的心理互动。因为表面上差异明显的优势对比，“3.5”确信自己享有“1”的尊重，潜意识里，“3.5”告诉自己，必须好好保障“1”的存在，自己才能持续享有尊重，以及成就感。因此，“3.5”呈现出很有担当的姿态，令“1”感到舒适。“1”以一种被保障者的姿态向“3.5”提出建议与意见时，“3.5”是很容易接受的，因为他不认为“1”会威胁他的权威。但实际上，“1”源源不断地施加影响，左右“3.5”的决策，就会成为“隐性”的主导。所以，别傻乎乎地坚持什么“平等”了，比例关系中的两人，一明一暗，各得其所，这才是真正的和谐。比起僵化的“平等”，和谐，可是高得多的境界。

无形投入的有形价值

“和谐比例”的妙处，未必人人都能领会，或许还不免有人叫屈，说凭什么我得出那么多，或凭什么我就得臣服。不急，别忘了那只是“现金”部分，只是最简单粗暴的表面。每一种关系中，除了现金，无形的投入其实更多，内有家务劳动，外有资源拓展，以及各种专业技术、支持辅助，样样价值非凡。谈到“契约”的时候，我们说过，这些无形投入都要核算成有形价值。折算下来，你就会发现，只要仍在存续的关系中，其实各方能量都还是对等的。

不过，在大部分的盟友关系和几乎全部的亲缘关系中，都忽略了这项核算。大家想当然地认为母亲应当照料子女，丈夫应当消灭小强。但如果这项工作是有市场参照的，比如月嫂或育儿嫂工资多少、负责做饭与清洁的家政服务员工资多少，就应该能核算出它的最低价值（说最低是因为没有一个母亲会比育儿嫂做得差）。核算的目的当然不是收钱（当然盖濮先核算工资，再用工资投资，转暗为明的方式比较聪明），而是，在一个健康的关系中，每个成员对彼此的投入一定是充分了解和认可的，也只有做到这一点，和谐才能更进一步，实现积极、高效的关系运转。

意识到这一点，可能你需要去做个清单，或者只是谈谈也好，和你的盟友、亲人。告诉他们你知道他们为你做了什么、是多么宝贵，也帮他们认识你所做的一切。这会是一次充满爱的核算。

当然，你若问“爱”如何作价，我就不知道了。别说这个，就连“做爱”，也不在我认为的无形投入之内。你懂的。

“反垄断”政策

与孔雀或盖濮相反，豌豆面对秩序投资，要做的不是“加大投入”，而是“退出半步”，分给老公一点投资机会，也给他几张选票。这“半步”并不容易。从婚前到婚后，豌豆在经济方面始终看轻帅气的老公。即使他那份收入也不失体面，毕竟和金融领域 Boss 级的她没法相提并论。以及，豌豆在事业、学业中接触的俱是真材实料的多金男，相形之下，老公就是个花架子。“女财男貌”的组合形式下，公司、房子、车、奢侈品、生活支出与教育储备，全由豌豆提供，大事小情自然也全是她说了算。可是，就像与张爱玲同时期的女作家苏青说的：“看看屋子里，每一根钉都是自己赚回来的，又有什么意思呢？”豌豆也常常这样觉得。自己佩服自己的时候早过去了，看着自己一手创造的世界，也找不到更多成就感。在公司说一不二，在聚会中风头无两，回家仍是这样，不免十分无聊。有时也盼别人站出来为她遮风挡雨，至少屁大的事可以替她决策，但老公早早认清局面，知趣“弃权”，不但事事不插手，连谈都不愿谈。还有一件事是，老公再帅，毕竟不是男优，不愿“委身”和事事强过自己一头的女人出演激情场面。豌豆看再多AV，不知该找谁实践，才明白阻碍他们的不只是她自卑的身体和性感的小三。

唉，有什么意思呢？

所以，我们得说非常重要的一条：女人有再多钱，也千万不要经济垄断、大权独揽，那是最没乐趣的。像前面说过那样，算个比例，大家分担，现金之外的部分等价折算，彼此能量平衡，才能愉快相处。这也不用多解释了。

慷慨，慷慨一些

以上种种，可能说得不算清楚，只能表达大体路径，更具体的，还有赖女人们自己细化。我觉得大部分女人这方面的天赋都比我好，我其实是个在钱财方面相当糊涂的人。我能整理出一套逻辑，证明与自己的盟友分享财富是合理的，也能指出一个方向或方式，实现更好的格局与效率，但算到任何数字，就不行了。我对此倒不介意。即使有些出入，一辈子的一笔总账，总不会错的。可能是因为我这种不介意，遇到的工作与家庭伙伴，一直都是好的。

不是打算自夸，只是想在全书写得最不明朗的这一节，再啰唆我认为重要的一句：无论什么投资，怎么计算价值，不管你糊不糊涂，都要慷慨，慷慨一些。在你建立了合理的关系之后，在保证你的秩序健康运转的同时，你要尽力支持盟友、亲人发展的需求，包容并帮他们渡过暂时的困厄，要大方应对必要的场面，要会送礼物，要乐善好施。一个自私的女人应该脑袋清楚、懂得计算，但绝不是计较，更不是小气。

因为计较的女人，既没有好名声也没有好运气。

因为小气的女人，既不易创造也缺乏体验。

因为你的行为与品质，会吸引同样的行为与品质来到你的生活中。

慷慨，慷慨一些。女人如果具备慷慨这种品质，整个人生都会进入另一个层次。这和有钱与否没有关系。

毕竟还有那么句老话：财富不只是金钱而已。

一个人时干什么

柏太在微信里说："先生还没回国，一个人在家，用冰箱里冻着的馄饨和汤圆打发两餐，上跑步机跑 5 公里，收拾衣帽间，整出十几件衣服打算送人，看完了《傅科摆》，拿出一只平时不敢用的汝窑碗，喝了朋友寄自南国的猴魁新茶，继续小楷抄华严经。一个人，时间忽然多了一倍的感觉。"

豌豆一个人看 AV。

萱爷一个人刷数据。

安娜一个人编短信。

小尤一个人编故事。

盖濮一个人发呆。

孔雀一个人旅行。

孔雀的婆婆宁可给亲戚伺候月子也不愿一个人待着。

甜蜜很久以来没有一个人的时候。

宜一个人看电视。

老美人儿一个人想她的一生。

一个人的时间，是检验自己的时间。如果自己足够有趣，这时间就会充实愉快，而如果自己焦躁、枯燥、胆怯，那真是分分秒秒都难挨。一个人当不好自己的伴侣，恐怕也很难当好别人的。这就是为什么善于一个人待着的女人反而更适合婚姻、也往往是关系高手；而越怕独处、怕当剩女、怕老的女人，越是孤独、单身、易老。

每个人的小宇宙，最终回到最初的孤独，只有你陪你到最后。自私的人，一个人的时间也得过得科学一点儿。比起对他人依赖纠缠，还不如设法丰富一个人的世界。那样，除了令时间好过，说不定还顺带吸引你想吸引的人。

一个人干什么？还能干什么？以下是我能想到或收集到的，抛砖引玉：

（1）玩儿。我的好基友很爱于谦，认为他人品见识大大高过其搭档，对他写的一本《玩儿》推崇备至。我看了那本书，挺好。虽说飞鸟游鱼，女人不一定都喜欢，可那里面追求的“玩出学问”，直至“傲里夺尊”的境界，很值得借鉴。女人痴迷于某种爱好的很少，倒是痴迷长腿欧巴的多，也有爱打牌的，但我们前面说过，那些东西多了，就成了损耗，哪有正经玩儿点什么好？动物、植物、手作、科技……什么都行，只要你觉得好玩。一件好玩的事会成为一条线索，牵引着你不停地去学习、练习、搜罗信息、结识相关的人，成为一个充满专业精神的人，甚至开启生活中另一个崭新空间。我的一位女友因为怀孕时无聊，每日捏纸黏土模型，独创别具一格的人物情节，捏到孩子上幼儿园大班，居然成了淘宝知名品牌；另一位女友投身园艺，拥有了怡情悦性的“绿手指”；还有一位更为惊人，因为迷上器具造型，用两年时间做出一套诡异刀具，居然入围红点奖。你也可以啊，玩儿点像样的东西，还怕有多少时间打发不掉？

（2）“反学科”。比如你理工科出身，试试作诗；人文科出身，玩玩数独；半辈子做财务的，看看本格推理；整天做家务的，上果壳网了解流行科学；萌妹子看法医案例，女汉子念纳兰词……这样做的原因是，单一化的信息和思维方式会令人偏执，尤其女人，往往因此爱钻牛角尖，尝试突破一下没什么坏处。以及，一个人的时间，没必要再重复那些每日每夜劳碌心神的事，给自己一点新鲜，多好。

（3）“反行为”。和“反学科”一样，做点平时不会做的事。比如约你最讨厌的人吃顿饭，把精心维护的房间弄脏，演讲，和旅行中的陌生人交谈，打扮成你自以为绝不会成为的人并且大胆地出门逛逛，像个男人一样说话做事，欣赏女人……你会发现平凡的生活骤然丰富起来，非常过瘾。并且，一个人身上凝聚的貌似冲突的特质，有时会成为致命的吸引力，如果真的形成了，那可是“一个人的时间”带给你的大福利。

（4）阅读。这是最老生常谈的建议，放在最后，怕女人没耐心听，毕竟现在微博、微信里标榜自己爱读书的，和晒包包、晒宝宝、晒菜谱的一样多。可是对不起，你一转林徽因语录，就暴露了小儿科；一摆拍读书照，我敢打赌你认字不超过3000个。当然，这都不关我事。阅读像任何一种乐趣一样，没享受过的人，再怎么讲也没法了解。它不是用来装点品位的，也没法满足短期的功利目的，若说好处，就是弥补我们只能亲自活一辈子的狭隘，以及养成安定踏实的心绪。“读书人”是没法装的，同类一见，即可辨识。大部分人之所以不阅读，是因为没有在更早的时候养成阅读的习惯，“退了休好好读书”基本不太可能，因为到时候你会看不进去。所以，如果现在你有一个人的时间，读一本是一本吧，安安静静地读，慢慢习惯连续成篇的文字，而不是微信式的十条八条，不拍不转不晒，就让文字和它们承载的东西在你身体里流淌。当然，若不是柏太那样的文化界人士，你可能需要一些信息渠道或甄选标准，先把你从林徽因语录或时装杂志里拉出来。没问题，先参考梁文道的《我读》或《史航说书》都可以（虽然史航老师有时也读得潦草），慢慢进入一个习惯之后，一本书就会带出另一本，它们是朋友。

（5）“自我访问”。既然是“一个人”，就好好面对“一个人”，把一个人的时间，当成了解和欣赏自己的时间。你可以一边照着镜子或一边沐浴着向自己大声提问，也可以什么都不做，只在静静冥想中发问，问自己：你今天觉得愉快吗？最近觉得愉快吗？为什么？哪些人和事让你有特别的感受？什么样的感受？你做了什么事情让自己觉得真棒？对自己说“真棒”。觉得有问题？是什么问题？打算怎么办？嗯，会好的。现在的生活是你要的吗？你要的是什么？真的是吗？你相信梦想会实现吗，在有生之年？是的，当然相信。看看你自己，摸摸你自己。哪里不舒服吗？或者哪里又老了一点？给辛苦的自己一个拥抱，你值得任何赞美。重新欣赏你的美，尽情地欣赏，那些与生俱来的好，一定都还在，那些得不到的，也会渐渐释怀。想哭？可以哭一下。然后还是微笑吧，看，你多美，不为任何人而为自己绽放的你，多美。

美丽的你，一定还有更多主意，就算只是像我一样乱想一番，也不失为一种乐趣。总之，从今以后别害怕，如果你一个人待着，不是因为你不好或老天待你不公，而是，这是人们最本原、最真实的存在方式。如果人人都懂这一点，世界会减少许多扰攘，这本书，也许都不必写了。

06 最宽容的自私，最无私的幸福

天下总有不散的筵席。

每位自私的女主角，都有个好结局。

还你初心

我与宜争论了半天，确认她老公我爸爸，死在 1986 年而非 1985 年。时间太久，记糊涂了，也不要紧吧？反正没弄错的是，他活到 37 岁，刚好是我现在的年纪。直到最后，他都与他生存的环境格格不入。我所能记忆的，就是七八十年代沉闷与喧嚣交融的灰调中，病休在家的他守着一部箱子似的老式电唱机，听音乐读书，日复一日沉默，守着自己的疏离。他几乎没为我做过什么，就是给我的一辈子打了个底，用他身上的一种气氛，一句无声的宣言：我们不那样。

不那样，是不像“别人”那样。任何人都是别人，他们的生活，不是我们的。这是种没道理的骄傲，也是轻松逃避的逻辑。他的审美、规则、梦想的生活，似乎都被放错了时空。适者生存嘛，所以他死了。

而我，自小没机会了解别人怎样生活，偶尔看见只角片羽，总悄悄反应出这句话。长大以后，再怎么进取和谐、言笑晏晏，还是有某种微妙的不同横亘中间，仍是这句话：我们不那样。

就按自己喜欢的这样，时间与空间，再也不会错了。

大家都在微信里作智慧状，爱说“不忘初心”云云。我生性刻薄，一见这个就问人家“你的初心是什么”，人家多半不理我。我猜，是因为答得出的没几个。

我没正经学过佛，也不想引经据典大洒狗血。就当“初心”是最初、最真的 want 吧。我的初心与爸爸类似：过自己的生活，在不自由的大环境里，坚持自己的小自由。

你们呢？

公主以上，素人未满

“我听到个八卦，某太的朋友告诉她，她又告诉我的。”

“嗯哼？”

“某人视频流出。”

“求种子。”

“哈哈哈，你尺度已经这么大了吗？素人亲。”

“没想到英国人也喜欢这个。没想到还有‘京都盛筵’。幸好我没去。”

“大概会胜过歌舞伎町和海天盛筵吧？没去多可惜。”

“去你的。可是当时我忽然很想……我老公。”

“因为他才是你最早认定的性偶像？直到现在的幻想对象？”

……

“真该让他知道！说不定你是唯一一个把老公当幻想对象的女人。”

“那，让他请我吃饭怎么样？”

“他开始埋单了吗？真不错。”

“反正是我还信用卡。”

和豌豆聊着QQ，忍不住翻出她空间里的公主流文字读了读（之前只一目十行扫过，爱文字的人一般都怕“女性文学”，真心不是同性相轻）。只见她写道：

“他和她应该都会记得那些曾经共同走过的青葱岁月。那段岁月，心湖澄碧，从容静好。”

“他记得她幽幽的嗓音，带着少女娇嗔的欢喜，仿佛冬夜的细雨，慢慢在沙沙的背景中回响起来。”

“他说：‘原以为商场残酷，你独自支撑，早已是老江湖了。看起来，到底，还是个女孩子……丫头，别怕，我一直在你身边。’”

文字中对每一个“他”的形容，都睿智斯文、玉树临风。她把他们称为“蓝颜”——游离于亲情、爱情、友情之外的第四类感情，比朋友近、比恋人远、比情人纯，“友达以上，恋人未满”（念 tomodachi ijou, koibito miman，常看 AV，该懂些日文了）。在她的文字里，每个男人都对她关怀备至却绝不染指，公主在身体尚未开化的世界，种满了精神的葱。

说不定，那就是她的初心。被呵护眷顾，保有纯净。

可是，AV 是另一个世界，现实更是，哪有无条件的宠爱，一切还不是得自己来。一上来就说，豌豆的问题是“性”，她逐一剥开这问题的洋葱皮，发现里面包含着的，不仅仅是与自己身体的疏远，也包含着与男人之间，尊严与秩序的微妙博弈。能做个素人多好，不是“非专业出演”的那种，是还原一个更朴素真实的女人情貌。豌豆试着在内心，慢慢卸除多年来一层层加重的、光鲜的强大的壳，为了唤醒身体的感受，也为了重建盟友关系。这是个庞大工程，她努力到现在，公主气息已褪掉不少，而想象中的情境还未抵达。

以后，会到的。

真汉子，不交代

“萱爷，你在故事里辜负了我，表现得一点也不‘爷’。”

“是不是觉得我还不如你 man？”

“你在掩饰什么吗?”

“哈哈哈。”

萱爷再次提醒我，一切自以为透彻的了解和假装智慧的分析，是多么愚蠢。八卦里的萱爷大宴送饭党，经历了土豪的撩拨，没赚土豪的钱，与电影争夺老公失败，没时间照料女儿和婆婆，在轻重交替的安全感中寻找重心，托词“丛林法则”……这么多热闹看下来，原来，都是她的伪装。

所有问题，都不是真的问题。萱爷就是爷，真心向往无牵无挂的女汉子，只是觉得“一爷到底”，有点过意不去。

“要是不跟你说那些废话，不就完全不像女人了? 有点交代不过去。”萱爷说，“不过，以后我也不想跟谁交代了。爱谁谁，这就是我的心。”

百年好合

柏太家里住进一位年轻的客人，是个高三学生，柏总的远房亲戚，来参加千军万马的艺考。这17岁女孩长着优美的青衣脸型，头发剪得极短，一双水润眼睛，虽生长在地级市，总算家境优渥，举止活泼大方，毫不拘谨。她把画架支在柏太书房一角，一一检视满架的书籍唱片，嘴里问东问西的同时，还插一只耳塞听着Beyonce，拖鞋里的雪白脚趾跟着节奏轻轻点动。不知为何，这女孩让柏太心底触动，为着她，生日都没出去过，亲自下厨做菜做面，开了家宴。

女孩画了一幅淡彩画，当生日礼物送给柏太。画里，柏太坐在厨房窗边擦洗咖啡机，淡色衣服，淡定姿势，可那略略松弛的侧面和手，看起来却是若有所思，在走神。柏太为女孩的观察力暗暗吃惊。

女孩嬉皮笑脸送上祝福："祝您长生不老、万寿无疆、才思泉涌、吃嘛嘛香、德艺双馨、一刻千金、合家欢乐、百年好合……"

桌边众人笑成一团。女孩又问寿星柏太有何心愿。柏太用筷尖捻着面前甜菜上的一根糖丝，沉吟一刻，轻轻念叨："百年好合……"

她也老了。

不，仍怀抱“成长”的问题，仍未知优雅心愿下场如何……还没老。

聪明简单心

盖濮开始和恋人吵架，两人都发现这是件有意思的事。盖濮一如既往的反应慢、说话吞吞吐吐，还会脸红，但“一半是面，一半是水”的脑筋开动起来，并不搅成糨糊，而像她的蛋糕一样，充满奇思妙想的味道。IQ 高达 150 的恋人，常常被她噎得目瞪口呆，好一会儿，才笑起来。

“你现在会为以后打算了吗？”

“不会。”

“那为何抢着投资？”

“我只是想让我不知道、不明白的事少一点。这样，才能简简单单的，对吧？”

盖濮曾经的问题是不清晰，一度也不想去弄清。恋人对她的发现变成启迪，她开始尝试更多发现，而最宝贵的是“自知”，她还坚持“简单”。聪明的恋人不知怎么就着了迷，为这么一颗“简单”的心。

懂得幸福的我

“初心？不是初恋对吧？”

小尤用一贯的戏谑语气问。但只是片刻，她正一正脸色，说：

“我曾经以为，我一路追随的那个人、和那个人有关的一切，是我的want；后来，得不到的就是我的want；而现在，我的want是，要努力装到不用装的那天，无论什么人或生活，再也没有谁能抛弃我，我也不必抛弃我，原来那个舒服、真实的我。”

深受“不一致”困扰的小尤，始终惦念当初的自己：

“还是那个我，懂得幸福。”

好好的

孔雀和老公回婆婆家吃饭，买了烤鸭和水果，一副做客的样子。一路上两人忐忑不安，怕女王对双双叛逃的臣民有话要说。谁知进门一看，翻天覆地，大卧室变作婴儿室，还没组装好的小床零件摊满一地，看起来完全不适合新生儿的玩具遍布各处，厨房里三种牌子的进口奶粉，罐子码得像超市堆头。孔雀婆婆刚做完汤菜，正给洗衣机消毒，打算洗刚买的一批婴儿衣服，根本无暇理睬两人。弟妹住院去了，胎位不太正，还在观察，等两天生了，也许会回来，只是也许，而孔雀婆婆大张旗鼓，严阵以待。

孔雀忽然发现女王这么寂寞，眼底莫名的一阵酸。

她们曾经在共同的秩序问题中相处。现在孔雀有了她的新秩序，有了亲密盟友，而没有盟友的婆婆，开始面对一个人的老后，还好，可以自给自足，还好，他们回来吃饭。

婆婆拎起他们放在梳理台上的袋子，露出一脸嫌弃表情："买什么鸭子？产妇不能吃鸭子。这么大人了，什么也不懂……你们平时都吃什么？跟你说搞研究累脑子，多弄点深海鱼，那是优质蛋白！他在家我都专门给他补，你会弄吗，不好好的行吗……”

孔雀微微笑了，想，弟妹的饮食起居已被列入婆婆的霸权管控，要是真回来坐月子，大概还会为夜里把不把尿，每天洗几次澡这些事争执吧。自己也真不知道怎么给老公补脑。霸占与照料，让每个人按自己认为的方式“好好的”，莫非就是，婆婆的初心？

最浪漫的事

“我忽然想起恋爱的时候。”甜蜜的老公说。

“她说，等结了婚，要有一所干净的房子，干净的玻璃窗，干净的地板，洒满阳光。我们两个人就在那里躺着，什么也不做。”

“她说，那是最浪漫的事。”

老公和两个女儿在洒满阳光的地板上躺着，但地板不怎么干净。上一分钟擦过，下一分钟就会有老二的奶、粥或汤汁洒落，还有老大削铅笔的木屑、做手工的纸屑、头发与头屑、厨房里踩过来的水渍、阳台上飘进来的柳絮、揉成团的纸巾、零食袋子上撕下来的边角、滚到捡不到之处的瓶盖、老大做坏了的手工、削断了的铅笔、书包里掉出来不知干什么用的零件、老二玩烦了的玩具、临时换下来的衣服、没憋住的尿……

甜蜜“完美主义”的问题已经完结。老公接手24小时夜以继日的维护与损耗。原来“最浪漫的事”需要那么多不浪漫的支撑，甜蜜当初没想到，老公现在知道了。

答　案

老美人儿欠我一个有关初心的答案：1948年消失的国军将官姓什么？祖籍哪里？性情长相如何？她可想念他？还是怨他？时局变迁，把她从尊贵夫人变成流离失所的弃妇，就算伤了心、吓破了胆，讳莫如深也已足够年头，总要有个揭晓的时候。我本名里有个心字，它缺一条溯源而上的线索，不知来龙去脉。

宜也在等这个答案。她传递了一份基因，我爸爸身上洋气而疏离的、神秘的基因。得到一个与自己不同、比自己更好的下一代，去实现自己无法实现的另一种人生，这是一个平凡女子能想象的升华，或许就是宜内心所愿。所以她应该知道，自己到底是为什么付出了高昂代价，几乎是一个女人的一生，以及原本可以更宜人的性情。

老美人儿自顾自沉默。任我说得再多，在她身上，女人一生的问题，仍漫无尽头地堆积。

希望这些段落，不至于令你不知所云。我们用一本书来谈自私，只为了解与改善自己。所以，讨论过种种道理之后，再回来看每一个故事，希望能印证自私的意义。我想值得高兴的是：即使问题仍在，至少也有了解决的轨迹。而当困扰一层层落下之后，呈现出来的，就是最清晰的、原本的你自己。

若曾经怀疑，若渴求慰藉，若要探索、继续走下去，只能用这样的方式。我们，每一个独一无二的存在，无论经历何种起落喜忧，都不是生活或命运弄人，而是我们的心，走到了这里。

与人生同步的“长期评估”

八卦差不多了，道理也都讲完。本来，作为一个反对“寓教于乐”的人，我是坚持“讲故事就讲故事，讲道理就讲道理”的，现在两相牵制，都不过瘾。以及，因为我相信真正读书的女人通常不读“女性读物”，读“女性读物”的女人对文字并没有足够的耐心与鉴赏力（哦，别生气，亲），所以很为这本书的性别定义而纠结。我试着把句子写得直白，又要兼顾柔和，有时还要婉转，最后变成了啰唆（和我的上一本书比，简直啰唆得不堪入目）。我犯了“不要玩猜心游戏”的大忌，去猜测女人、女性读者的喜好，说不定更不讨好。这种取悦，很功利，也很笨拙。如果妨碍了你去理解，我愿衷心致歉。但，我还是要说，你不必像对待教科书似的弄明白每一个部分，也不必介意书或作者是否把自己表现得足够精彩，所谓自私，是一套逻辑、一个角度。你能相信逻辑对你会有帮助、尝试去构建，也愿意接受更多角度并期待更多可能，那就够了。

我们永远解决不完世上的问题，唯一有效的办法，是把自己变成一个有解决问题能力的人，自己帮助自己，直到人生的尽头。也只有到那时，我们才能给出合理的评估：这是个不错的女人，一辈子挺值。

即使放在专业范畴，标准也是这样的。美国心理学家阿尔伯特·埃利斯定义过心理咨询的短期目标（不完美目标）和长期目标（完美目标）。短期目标是“改变症状，减轻影响”；而长期目标则是“产生更长远、深刻的变化，减少情绪困扰和行为障碍在今后生活中出现的可能性，使人们带着最少的焦虑、抑郁、敌意去生活，拥有一个较为现实、理性、宽容的人生哲学”。

所以，一切评估都应该是长期的，包括这本书。我奢侈地期待，你在未来某天，想起它对你有过一点点帮助——如果那时，你觉得幸福。

幸福种种，聚会不散

豌豆跟老公去参加首映式，一部小制作片子，老公所在企业是投资方之一。首映式甚为简陋，比豌豆经历过的大部分场面都差得远，但她像个普普通通的文艺女青年，穿着看不出牌子但裁剪精致的长裙，淡妆短发，乖乖跟在高大的老公身边，没抢风头，也没带儿子。仪式之后，灯光关闭，青葱得简直弱智的情节一格格放映。豌豆静静看着，不发表评论。屏幕上，二线男演员握住二线女演员的手，对望之后，应该是一个羞怯的亲吻，豌豆的手忽然被老公握住了。

萱爷在等老大批复她的申请。在她手下起死回生的区域公司终于进入年度排名 TOP5 之后，她要去一个更远的区域。申请里顺带提议把自己的副手扶正，接任她的职位。协助冲业绩的土豪也介绍给了副手。“继续支持，必须的。”土豪退回到好朋友的位置，他们都忘了“凝视”这回事。至于老公、女儿与婆婆。萱爷只说了四个字：暂时，安全。

孔雀的弟妹生了，月子没在孔雀婆婆家坐。女王很生气，后果很严重——她去旅行了，说走就走。老公把手机上收到的照片拿给孔雀看，婆婆比之前任何时候都显得年轻，穿着安妮宝贝式的布裙，站在风情万种的客栈门前，周围无数文艺青年衬托，倒也不怎么突兀。啊，丽江。孔雀张了张嘴，没再跟老公提她当初的计划。反正现在也去不了了，她怀孕了。

17 岁女孩考得不错，高高兴兴地被父母接回了家，估计过几个月就会来入学。柏太盼着与她再聊聊天，知道新鲜的、年轻的她们在想什么。柏总继续发福，身体比从前坏，重金聘了一位保健医生，度假地的安排也不再追逐艺术大师踪迹或米奇林餐厅，而代之以中国台湾或日本偏僻的温泉乡。幸而他们做好了准备，有足够保障。而这样的生活，也确非人人都能加入。

小尤赚了一笔外快，应付几笔必要开销之后居然还有剩余，于是和老公一起去了欧洲，终于。他们没去巴黎光顾第九区的店，而在日内瓦湖畔一住七天，享用不知多少根纱、总之比皮肤还细滑的床品，以及绣着他们名字缩写的毛巾。某天傍晚走到席庸城堡，游客的门已经关闭，谁知两人混进一票在城堡中开酒会的人群，免费畅游兼美餐一顿。这么奇妙的经历，小尤微信、微博一条没发。

商业广场里的新蛋糕店开张后，老店改成了烘焙教室。一周三次，盖濮在这里教做戚风轻芝士、千层酥雪月饼、印花瑞士卷，以及可以带到幼儿园去的创意小饼干。学生都是恋人通过微博招募来的，有全职主妇、年轻的 OL，还有两个似乎有志入行的男孩。也有人来 DIY，在现成的蛋糕或巧克力上画画写写，送给男友、基友、闺蜜、老板。凡来的，个个视盖濮为偶像。情人节前的一天，某家知名相亲网站找上门来，说想在烘焙教室做场活动，让男男女女在甜蜜的劳作中擦出火花。

“这么多人的话……做蛋挞吧。”盖濮摸摸自己的小方脸，笑了。

甜甜期末考试，平均只得 89 分。爸爸没说什么，外婆也没有。

宜接了老美人儿回家过年，团坐桌边，四代女人各说各的。老美人儿声音最大，一遇到关键问题，就选择性耳聋。无可奈何，都还笑着。

七个八卦，幸福种种，这不算多，应该还有更多。幸福，这种纯个体的感受，每一份都无法复制、也不能相互比较。但我们可以源源不断地创造它、体验它，用我们共同学习的自私的方式。自私令女人更宽容、更从容、更美丽，自私也将成就真正无私的幸福。就像自私的我，贩卖聚会里女人的八卦，却一心一意地盼着每位女主角，都有个好结局。

因为我还想再去那些聚会，
天下总有不散的筵席。

图书在版编目（CIP）数据

自私书：写给女人的幸福教唆书／蒋硕著．—北京：中国财政经济出版社，2014.11

ISBN 978－7－5095－5599－6

Ⅰ．①自…　Ⅱ．①蒋…　Ⅲ．①女性－幸福－通俗读物　Ⅳ．①B82－49

中国版本图书馆 CIP 数据核字（2014）第 175934 号

责任编辑：王彦浩　　责任印制：刘春年
文字编辑：赵甲思　　版式设计：丁丁图文

中国财政经济出版社出版

URL：http://www.cfeph.cn

E－mail：cfeph@cfeph.cn

社址：北京市海淀区阜成路甲 28 号　邮政编码：100142

营销中心电话：010－88190406　北京财经书店电话：010－64033436

北京时捷印刷有限公司印刷　各地新华书店经销

880×1230 毫米　32 开　8 印张　150 000 字

2014 年 11 月第 1 版　2014 年 11 月北京第 1 次印刷

定价：32.80 元

ISBN 978－7－5095－5599－6／B·0026

（图书出现印装问题，本社负责调换）

本社质量投诉电话：010－88190744

反盗版举报热线：88190492　88190446